아이에게
필요한 건
괜찮은 엄마입니다

좋은 엄마 나쁜 엄마 사이에서
흔들리는 엄마를 위한 육아 수업

아이에게
필요한 건
괜찮은 엄마입니다

한근희 지음

다블북

❧ 차 례 ❧

괜찮은 엄마가 좋은 엄마다

《아이에게 필요한 건 괜찮은 엄마입니다》는 아이를 기르는 데 가장 중요한 부모-아이 관계와 훈육에 대한 이야기다. 세상에서 가장 좋은 부모가 되고 싶은 마음은 어쩌면 자연스럽다. 하지만 좋은 부모가 무엇인지에 대해 명확한 기준이 없다면, 좋은 관계와 훈육 사이에서 우왕좌왕하게 된다. 좋은 관계와 훈육이 정반대의 행동처럼 느껴질 수도 있지만, 현명한 부모는 이 두 가지 모두 아이를 기르는 데 꼭 필요한 것임을 깨닫고 적절히 사용해야 한다.

부모는 아이에게 좋은 부모가 되고 싶어 한다. 그런데 자신이 옳다고 생각하는 좋은 부모에 대한 기준이 있어서, 그 생각대로만 아이를 대한다. 아무리 노력해도 뭔지 모르게 이상과 조금

씩 틀어지면 부모 노릇이 녹록지 않게 느껴진다. 부모가 아무리 애를 써도 육아는 마음만큼 수월하지 않으니 깊은 고민에 빠지게 마련이다.

게다가 독박 육아를 하는 가정이라면 엄마가 아빠의 역할까지 해내야 하는 경우가 많다. 아빠가 육아에 참여하지 못하는 상황에서 양육의 두 조건_{좋은 관계와 훈육}을 엄마 혼자서 감당하는 데는 어려움이 따른다. 아이는 엄마 혼자 기르는 것이 아니다. 엄마의 자리와 아빠의 자리는 다르기 때문이다. 그런데 아빠가 바쁘거나 육아에 관심이 없으면 그 부재나 결핍을 메우기 위해 엄마가 아빠 역할까지 하려고 애쓰곤 한다. 그러다가 엄마 역할마저도 제대로 못하면 문제가 된다. 그래서 아빠가 육아에 참여해야 한다. 따라서 이 책은 엄마에게 전하는 이야기처럼 썼지만, 부모 모두에게 육아의 권한과 책임이 있다는 사실은 분명히 하고 싶다. 또한 아빠가 읽어보면 도움이 되는 내용도 있으니, 바쁜 아빠라면 필요한 부분만 골라 읽어도 좋을 것이다.

세상이 말하는 '좋은 엄마'란?

요즘 엄마들은 육아에 대한 관심과 열망이 어느 때보다 높고, 세상이 말하는 '좋은 엄마'의 기준 역시 매우 높다. 이상적인 아이와 자신의 아이를 비교하듯이, 엄마들은 이상적인 부모상과 자신을 비교하며 죄책감과 좌절감을 느끼기도 한다. 물론 이상적인 부모상을 의식한 덕분에 육아의 질이 높아진 것은 사실이다. 강의에서 만난 1학년 준영이 엄마는 육아의 기준이 분명해서, 똑똑하고 순응하는 아이로 키우는 것이 '좋은 엄마'의 기준이라고 여겼다. 준영이 엄마는 준영이가 태어나기 전부터 아이를 어떻게 키워야 하는지 정보를 모았고, 다양하고 무수히 많은 정보를 바탕으로 준영이에게 완벽한 엄마가 되려 애썼다. 그 방법 중 하나가 책 육아였다. 그뿐 아니라 준영이가 초등학교 저학년부터 해야 할 공부도 정해놓고 시시때때로 체크한다. 그리고 준영이에게 부족한 것이 무엇인지, 무엇이 필요한지 미리 파악하고 정보를 찾는다.

요즘은 아이를 키우기 위한 좋은 정보가 넘쳐날 뿐 아니라 스마트폰을 통해 손쉽게 얻을 수 있다. 인스타그램이나 블로그 등 소셜네트워크에서도 아이를 키우는 방법에 대한 아이디어를 얻을 수 있다. 그런데 아이의 성장에 따라 관심을 가져야 하는 분야가 달라진다. 유아기 엄마는 건강한 모유를 주기 위해 노력하고, 이유식에도 신경을 많이 쓴다. 맛있고 손쉽게 요리할 수 있고 영양가 있는 음식을 만들기 위해 레시피를 검색하고 좋은 요리 도구나 유기농 식재료를 찾는다. 아이는 무엇이든 입으로 가져가는 습성이 있어서 식기나 목욕용품, 로션과 장난감, 놀이 매트까지 해롭지 않은 성분인지 꼼꼼하게 따지게 된다. 그러다 보니 물건 하나도 고르기가 쉽지 않다. 아이의 배변 훈련도 만만치 않다. 전문가들은 기저귀를 뗄 때는 아이가 수치심을 느끼지 않도록 마음의 준비가 될 때까지 기다리라고 조언한다. 육아의 과정에서 엄마들은 혹시 놓치는 것은 없는지, 그래서 아이를 망치면 어쩌나 하는 불안한 마음이 든다.

이렇듯 좋은 정보는 하나도 놓치지 않고, 작은 부분도 실수하고 싶지 않은 것이 엄마의 마음이다. 정보에 집착하는 것은 엄마의 완벽한 성향 때문이 아니라 엄마로서의 책임감 때문이다. 세상의 기준에 부합하려고 애쓰는 엄마는 최고의 엄마가 되고 싶다기보다는 최선의 방법을 찾고 싶은 건 아닐까.

좋은 엄마는 불안해한다

엄마는 아이에게 어떤 존재일까? 아이는 태어나서 6개월까지는 나와 대상을 구별하지 못한다. 그래서 이 시기의 아이는 자신과 늘 함께 있는 엄마와 자신을 구분하지 못하고 엄마와 자신을 한 몸이라고 생각한다. 그러니까 엄마는 아이의 거울인 셈이다.

아이가 태어나서 처음 경험하는 세상은 배가 고프면 먹을 것이 입에 들어오고, 축축한 기저귀가 순식간에 뽀송해지고, 누군가 안아주는 따뜻하고 좋은 곳이다. 그래서 자신이 움직이면 세상도 움직이고, 자신이 느끼면 세상도 느낀다고 생각한다. 이렇듯 엄마를 통해 전능감을 얻은 아이의 세상은 좌절이 없는 완벽한 곳이다. 전능감이란 원하는 일이 마법처럼 이루어지는 감각으로, 전능감을 획득한 아이는 엄마가 해주는 모든 것을 자신의 힘으로 이루어낸 것이라고 착각한다. 이렇게 아이는 엄마 덕분에 짧은 시간 동안 전능감을 경험하고, 이 시기에 채워진 전능감은 아이가 세상을 살아가는 기본적인 힘이 된다. 그러니까 아이가 전능하다는 환상을 갖기 위해서는 아이의 상황에 언제나 민감하게 반응해주는 엄마가 필요하다.

엄마의 돌봄은 아이에게 만족을 주기도 하지만, 대상을 인식하고 대상과 친숙해지게 하는 과정이며, 애착을 형성하는 초석이기도 하다. 따라서 침대에 누워 있는 아이가 엄마의 모습을 보고 반갑고 즐거워하는 것은 엄마와 애착을 형성해가는 과정이다. 불편하거나 혼자 있다는 불안함을 느끼면 아기는 곧 울음을 터뜨린다. 그럴 때면 여지없이 나타나 자신을 안아주고 위로해주는 대상으로서 엄마의 존재를 깨닫는다. 그래서 아이는 엄마가 마냥 좋다. 엄마의 목소리, 냄새, 촉감, 모습만 보아도 좋아서 발을 버둥대고, 엄마가 웃으면 같이 웃고 엄마가 친절한 목소리로 말을 걸어주면 미소 짓는다. 그렇기에 엄마는 아이에게 온 세상이다. 엄마가 특별히 무언가를 주지 않아도 아이는 엄마를 사랑하며, 이 세상에 엄마보다 좋은 것은 없다. 이것이 대상 관계 이론가 위니컷 Donald Woods Winnicott이 말한 '좋은 엄마'다.

이 시기에 전능감을 느끼거나 좋은 대상으로서의 엄마를 경험하지 못한 아이는 어떨까? 많은 연구에서 초기의 모성 박탈이 아이의 정서와 인지 발달에 영향을 미치는 것으로 드러났다. 특히 세상과 분리된 채 음식을 받아먹고 혼자 생활하는 시설에 수용되었던 아이들은 발달 지체를 보였다. 이런 아이들은 2살이 지나 좋은 가정에 입양되어도 나아지지 않았다고 한다. 그래서 애착 이론에서는 이 시기를 민감기라고 부른다. 이렇듯 아이의 발달에는 중요한 순간이 있는데, 이 시기를 놓치면 그 이후에 회복이 더디거나 어렵다.

아이가 세상에 대한 경계심을 갖지 않도록 엄마는 세상에서 유일하고 좋은 대상이 되고 싶지만 뜻대로 되지 않는다. 엄마는 아이를 안아주고, 아이와 놀아주고 눈을 맞추고 말을 걸어주며, 아이가 사랑받고 있음을 끊임없이 확인시켜준다. 하지만 아무것도 하지 못하는 아이를 위해 엄마는 해야 할 일이 많다. 그래서 엄마는 어쩔 수 없이 아이를 기다리게 하고 덜 안아주게 되며, 눈을 맞추는 일을 소홀히 하게 된다. 이때 아이는 자신을 보며 웃어주지 않고 반응해주지 않는 세상에 대해 불편하고 두려운 감정을 느낀다. 그러면서 불안한 정서를 배운다. 그리고 엄마도 관계적 모성과 도구^{역할}적 모성 사이에서 혼란스럽고 불안해진다. 관계적 모성은 아이를 격려하고 공감하고 수용해주는 엄마를, 도구적 모성은 입히고 먹이고 가르치는 엄마의 역할을 의미한다. 좋은 엄마는 나쁜 엄마에 비해 자녀와의 관계를 중요하게 생각한다. 이런 이유로 아이에게 자신이 좋은 엄마인지 점검하는 과정에서 도구적 모성에 치우친 자신을 보면 불안해지곤 한다.

좋은 엄마는 단호해야 한다

내가 하는 강의에 참석한 이유가 무엇인지 물었더니, 엄마들은 "저는 나쁜 엄마거든요! 그래서 강의를 듣고 고쳐보려고요"라고 답했다. 그렇지만 나는 "오히려 나쁜 엄마가 되셔야 합니다"라고 주장한다.

아이의 모든 것을 챙겨주고 대신 해주는 기간이 지나면 엄마는 다른 마음과 기준으로 아이를 대해야 한다. 아이는 자신의 욕구를 모두 받아주던 세상이 더 이상 존재하지 않는다는 사실을 받아들여야 한다. 그래서 아이의 행동을 바로잡을 때는 엄마는 단호할 필요가 있다. 다시 말해, 관용적인 엄마와 단호한 엄마를 오가며 육아해야 한다. 따라서 이 책에서는 아이와 좋은 관계를 맺는 것뿐 아니라 단호한 육아가 필요한 이유에 대해서도 다룰 것이다.

책의 구성 및 활용법

이 책은 4장 및 부수적인 세 챕터로 구성되어 있다. 처음부터 차례대로 읽어도 좋고, 필요한 부분만 골라 읽어도 상관없다.

1장과 2장은 부모 역할을 잘 감당하기 위해 점검할 내용으로 구성했다. 육아를 하면서 자신이 무엇을 잘하고 있는지 확인하고 싶다면 읽어볼 만한 부분이다. 1장에서는 아이에게 도움이 된다고 생각했던 기준이 정말 아이에게 도움이 되는지, 아이를 발달 과정에 맞게 잘 키우고 있는지 점검할 수 있다. 2장에서는 옳지 않다고 생각한 육아의 기준이 오히려 필요한 조건일 수 있다는 사실을 살펴본다.

3장에서는 아이와 좋은 관계를 맺는 데 필요한 요소를 설명한다. 좋은 관계를 맺기 위해 아이에게 무조건 사랑을 주기보다는 적절한 좌절을 주고 아이의 좌절을 잘 감당해주는 것이 좋은 부모임을 다루었다. 또한 아이의 기질에 따라 아이와 어떻게 관계를 맺어야 하는지 설명했다.

4장은 아이 중심 훈육의 개념과 방법을 설명한다. 부모-아이 관계를 단단하게 만들고, 이를 해치지 않으면서 훈육하는 방법을 다루었다. 전문가들이 제시하는 훈육 방법을 일반화하여 적용하기보다는 아이마다 기질을 파악하여 기질에 적합한 훈육법을 찾아야 한다. 또한 적절한 좌절을 주는 현명한 부모에 대해서도 설명한다. 아이를 훈육하는 데 계속 실패하는 부모라면 이 장을 읽어볼 것을 권한다.

'아빠 페이지'에서는 아내와 협력해서 육아해야 하는 이유와 아내의 양육 방식에 불만을 갖고 가정 일에 참여하지 않는 아빠가 놓치고 있는 점을 설명한다. 이 부분은 특히 아내를 이해해야 하는 남편이 읽어보면 도움이 된다. 육아는 부모가 함께 하는 것이다. 아이를 키우는 데 아빠의 역할은 매우 중요한데, 아빠가 제 역할을 잘하지 못하면 아이는 잘 자라지 못한다. 뿐만 아니라 부부관계도 발전하기 힘들다. 그러므로 남편은 육아와 가사 일을 아내의 몫으로만 여기지 말고 함께 해야 한다. 무엇보다 아이를 가르치고 키우는 일을 아내의 책임으로만 전가하고 비난해선 안 된다. 아이를 잘 키우기 위해서는 아이의 일을 함께 의논하고 서로 위로하고 격려해야 한다. 아내도 부모는 처음이라는 사실을 잊지 말아야 한다. 서툴지만 협력하는 부모를 통해 아이는 안정감을 느낀다. 또한 부부가 부모기를 잘 보내야 빈 둥지 시기가 되었을 때에도 좋은 관계를 유지할 수 있다.

잊지 말아야 할 점은 '완벽한 엄마perfect mother'가 아니라 '충분히 좋은 엄마good enough mother'여도 아이를 잘 키울 수 있다는 것이다. 이때 '충분히 좋은 엄마'가 되기 위해서는 아이와 좋은 관계를 형성하고 훈육을 잘해야 한다는 두 가지 조건을 충족해야 한다. 이 두 조건을 육아의 기준으로 잘 사용하면 성공적으로 육아를 할 수 있다. 따라서 좋은 관계와 훈육 사이에서 적절한 균형을 이루고 있는지 점검하고 더 나은 방법을 찾아야 한다. 부모는 아이와 좋은 관계를 맺어야 하지만, 그에 못지않게 아이의 잘못을 엄격히 훈육하고 가르치는 것도 중요하다. 그런데 훈육이 부모-아이 관계를 망친다고 생각하여 훈육을 부정적으로만 바라보는 부모도 있다. 그러나 부모에게 잘 배우지 못하면 사회적으로 민감한 아이는 눈치를 보며, 자기중심적인 아이는 사회에 적응하지 못한다. 따라서 이 책에서는 좋은 관계를 유지하면서 훈육하는 아이 중심 훈육의 구체적인 방법을 알아본다.

아내는 남편과 육아 정보를 공유하여 아이를 잘 키우고 싶고, 남편도 좋은 아빠가 되고 싶다. 아빠의 역할이 매우 중요하다는 것을 인식하고 있기에 요즘 아빠는 육아에 대한 관심이 높다. 이 책은 엄마만을 위한 육아서가 아니므로, '아빠 페이지'가 있다. 아이를 잘 키우고 싶은 아빠는 '엄마의 자존감은 아빠가 챙겨야 한다', '아빠와 사이좋은 아이가 성공한다'를 꼭 읽어볼 것을 권한다. 아빠는 물리적으로 아이와 많은 시간을 보낼 수 없지만, 가정이라는 큰 배를 이끌어가는 선장의 역할을 해야 한다. 따라서 아내를 협력자로 생각하고 아내와 아이의 관계를 조율하고 방향을 잘 잡아줘야 한다. 그와 동시에 아이가 욕구와 바람을 통제할 수 있도록 가르치고 격려해야 한다. 아내와 아이 사이에서 소속감을 느끼지 못하는 아빠도 많은데, 소속감은 아내나 아이가 채워주는 것이 아니라 스스로 찾아야 한다. 관계는 일방적이지 않으므로 가족과 좋은 관계를 맺는 데 필요한 것을 끊임없이 찾고 노력해야 한다. 그래야 가정이 바로 서고 행복해진다.

사람 사이의 관계는 일생일대의 고민이다. 부모-아이 관계도 그중 하나다. 아이에게 부모는 좋은 사람인 동시에 나쁜 사람도 되어야 하니 어렵고 힘이 들게 마련이다. 물론 좋은 관계를 맺기 위해서는 부모의 좋은 모습이 나쁜 모습을 가릴 만큼 많아야 한다. 이 책에서 말하는 나쁜 부모란 아이의 욕구를 받아주지 않는 부모를 말한다. 뭐든지 허용하고 들어주는 부모보다는 어느 정도 통제하는 부모의 아이가 더 빨리 사회화된다. 하지만 이 과정에서 부모는 고민에 빠지기도 한다. 권위적이고 억압적인 태도로 아이를 통제한다고 해서 아이가 바뀌지는 않으며, 오히려 엇나가는 경우도 많기 때문이다. 훈육을 해도 아이의 행동이 바뀌지 않는다면 부모-아이 관계를 점검해야 한다. 그 관계가 단단하면 아이는 부모의 피드백을 잘 받아들이고 부모의 기대를 인식하여 기대를 채우려고 노력한다. 이것이 훈육의 열쇠이며 아이 중심 훈육의 시작이다.

1
장

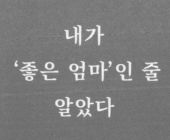

내가
'좋은 엄마'인 줄
알았다

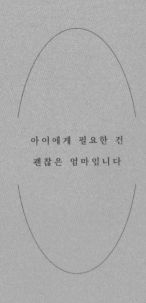

아이에게 필요한 건

괜찮은 엄마입니다

알아서 해준다고
좋은 엄마는 아니다

엄마는 아이를 기르는 일에 많은 시간을 쏟는다. 아침에는 아이를 깨워서 씻기고 아침을 먹여 배웅하느라 정신이 없고, 유치원이나 학교에서 돌아오면 간식을 먹이고 시간에 맞춰 학원에 보내야 한다. 아이가 학원에서 돌아와 숙제를 시키고 저녁을 먹이고 씻긴 후에 잠자리에 들기까지, 엄마 몫의 일은 끝이 없다. 먹이고 입히고 재우고 씻기는 일 말고도 공부를 시키고 학교나 학원에 보내는 것까지, 엄마의 손길이 닿지 않는 곳이 없다. 하지만 아이의 스케줄을 대신해주거나 일일이 간섭하지 않는 엄마도 많은데, 그런 엄마는 아이가 스스로 할 수 있도록 교육시킨다.

40대 엄마 영희 씨에게는 7살, 10살짜리 두 아이가 있다. 아침이면 아이들을 각각 유치원과 학교에 보내느라 바쁘다. 영희 씨는 아이들이 알아서 하길 원하기 때문에, 스스로 일어날 수 있도록 아이들에게 시간을 준다. 그래서 음악을 틀거나 음식을 준비하는 소음으로 아이를 깨운다. 이런 과정이 습관이 된 아이들은 시간이 되면 일어나 엄마의 품에 안긴다. 영희 씨는 아침을 꼭 먹게 한다는 규칙이 있어서, 아침을 먹으면서 그날의 일과를 점검한다. 아이들에게 그날 할 일을 알려주는 것이다.

7살 딸에게는 "50분에는 나가야 하니 지금 양치를 하고 옷을 입어야겠다"라고 말해준다. 10살인 첫째는 조금 더 존중하는 뜻에서 "몇 시에 나갈 예정이니?"라고 묻는다. 물론 임박 착수형인 큰아이는 이런 엄마의 존중을 잘못 사용하여 지각하기도 했다. 그러나 고학년이 되자 늦지 않도록 알아서 시간을 배분한다. 그래서 일과가 끝나고 돌아오면 엄마는 기특한 마음에 "잘해줘서 고맙다"는 말을 빼놓지 않는다.

해가 지면 가족이 모두 모여서 저녁을 먹는다. 엄마는 아이들에게 오늘 하루 어땠는지, 저녁 식사를 마친 후에는 무엇을 할지 묻는다. 아이들이 30분만 게임을 한 후 영어 숙제를 하겠다고 말하면 영희 씨는 그러라고 한다. 엄마도 책을 보거나 해야 할 일로 바쁘고, 아이들도 자신이 하기로 한 일로 바쁘다. 아이가 해야 할 일을 못 찾는 날이면 엄마가 과제를 주거나 엄마와의 시간을 갖는다.

이 가정의 이야기는 특별하지 않다. 이것이 완벽한 가정이라면 이 책에서 소개하지 않았을 것이다. 사실 영희 씨는 심각한 우울증으로 상담을 받으러 왔다. 영희 씨는 감성적이고 매사에 열심이었지만, 아이들의 성격이 예민하고 불안감이 높아서 육아가 힘들었다고 한다. 영희 씨가 힘들었던 이유 중 하나는 책임감이 강한 데다 열등감이 있어서 다른 사람보다 더 잘해야 한다는 생각에 아이들에게 뭐든 다 해주려 했기 때문이었다. 그러다 보니 아이들은 엄마가 떠먹여주는 밥만 먹으려 하고, 엄마가 잔소리를 하지 않으면 아무것도 하지 않았다. 아이들도 엄마의 짜증을 받아내느라 힘든 상태였다. 그래서 아이들과 엄마가 거리를 유지하며 각자의 할 일을 선택하고 책임을 지는 방식으로 바꾸었더니 가족이 훨씬 화기애애해졌다.

영희 씨는 모든 것을 완벽하게 세팅해주는 것이 엄마의 역할이라고 착각했던 것이다. 아이들에게 틈이 생기면 자신이 세심히 챙기지 못하고 능력이 없어서라며 스스로를 탓했다. 모든 것을 알아서 해주다 보니 아이들은 성장하지 못했고, 항상 엄마에게 의지했다. 그 책임감과 부담감으로 엄마는 우울해졌다.

엄마가 알아서 다 해주는 것은 장기적으로 보면 아이를 돕는 길이 아니다. 무엇이든 스스로 할 수 있어야 아이는 성장한다. 부모는 아이의 사생활을 인정하지 않기 때문에 간섭하지만, 간섭이 심할수록 아이의 자율성은 발달하지 못한다. 자율성이란 자신의 원칙에 따라 어떤 일을 하거나 스스로를 통제하고 절제하는 것이다. 결국 아이는 부모 없이 어려움을 극복해야 한다. 부모가 아이의 일을 계속 도와준다면 아이는 부모와 세상에 의지할 뿐 외부 환경을 받아들이고 극복하지 못하므로 자신이 지닌 역량을 발휘하지 못한다.

아이의 일, 특히 교육과 관련하여 지나치게 관여하는 엄마를 '헬리콥터 맘'이라고 부른다. 헬리콥터처럼 주변을 빙빙 돌며 아이를 과잉보호한다는 뜻이다. '헬리콥터 맘'은 아이가 성인이 되어도 일일이 챙기며 통제하고 간섭한다. 초등학교 때는 학교에 수시로 연락하며 숙제는 물론 교우 관계까지 챙기고, 중·고등학교 때는 성적과 입시, 대학에서는 수강 신청과 학점 관리까지 관여한다. 대학 졸업 후에는 취업을 알아봐주고, 아이의 배우자를 결정하는 일에까지 적극적으로 나서기도 한다.

사실 아이를 키우고 보살피다 보면 간섭과 보호의 경계를 명확히 하기가 모호하다. 놀이터에서 친구와 다툼이 있을 때 달려가서 무슨 일인지 물어보고 개입해야 할지, 그냥 놔둬야 할지 고민하게 된다. 늑장을 부리다 학원 버스를 놓친 아이를 벌줄 것인지, 학원까지 데려다줘야 할지 순간적으로 결정하는 일은 쉽지 않다.

엄마는 아이와 자신이 다른 존재임을 받아들여야 한다. 그리고 아이가 세상을 살아나가려면 스스로 견디고 혼자서 경험해야 한다. 그러기 위해서는 엄마가 간섭하는 대신 아이가 스스로 결정하고 책임지게 해야 한다. 그래야 부모의 간섭에서 벗어나 책임감 있는 훌륭한 어른으로 성장할 수 있다.

에릭슨Erik Homburger Erikson에 의하면 아이는 3세가 되면 자율성을 얻기 위해 엄마와 기 싸움을 시작한다. 스스로 하겠다고 떼를 쓰거나, 엄마가 하지 못하게 하면 소리 지르고 울어버린다. 이 시기의 아이들은 말이 안 통하고, 원하는 것을 이루기 위해 엄마와 맞서 싸운다. 하지만 이런 태도는 지극히 정상적이다. 이것이 당연한 발달 과정임을 받아들이고 아이가 자신의 행동을 조절하고 좌절을 견딜 수 있게 해주는 엄마가 뭐든지 알아서 해주는 엄마보다 좋은 엄마다.

지나친 칭찬은
의존적인 아이를 만든다

부모가 아이를 정서적으로 지지하는 것은 매우 의미 있는 일이다. 이는 아이가 사회에 적응하는 데 영향을 미치며 정서적으로 안정감을 준다. 부모에게서 정서적인 지지를 받으면 아이는 자신이 사랑받는 존재라고 믿고 긍정적으로 받아들인다. 그러므로 아이의 자존감에 부모의 지지는 큰 영향을 미친다. 부모는 아이를 지지하려고 칭찬을 많이 하게 된다. 아이는 자신이 그린 그림을 엄마에게 보여주고 싶어 하는데, 칭찬받으면 기분이 좋아지고 자신이 그린 그림이 훌륭해 보이기 때문이다. 다시 말해, 엄마가 그림을 잘 그린다고 하면 그림을 잘 그리는 사람처럼 느낀다. 양보를 잘한다고 칭찬받은 아이는 스스로 양보를 잘하는 사람이라고 자신을 소개한다. 부모의 칭찬은 아이의 자기 수용력을 향상시키고 자기 신뢰를 높인다.

근면함을 칭찬받은 아이는 실패나 좌절의 순간에도 엄마가 해준 말에서 힘을 얻는다. 엄마의 칭찬을 받고 자란 아이는 자랑할 만한 일이 생기면 엄마에게 달려가 자신의 능력을 확인받고 싶어 한다. 하지만 시험을 보면 틀린 문제만 보고 울상을 짓는다. 그러면 엄마는 괜찮다고 말한다. 부모들은 무의식중에 평가에 예민해지거나 결과에 대한 칭찬을 버릇처럼 해준다. 아이는 부모가 결과에 민감하다고 생각하기 때문에 시험지를 보는 순간 부모가 자신에게 실망할까 봐 걱정한다. 칭찬은 아이와 좋은 관계를 맺고 자존감을 높여주기 위해 반드시 필요하지만, 지나치면 아이는 칭찬받을 만한 일에만 에너지를 쏟는다. 그래서 시작하기 전에 성공 가능성을 타진해보고 안 될 것 같으면 뒤로 물러선다.

아이가 끈기를 갖고 성실한 태도로 무엇인가를 해내려면, 칭찬과 같은 외적 동기만큼이나 스스로 목표를 세워서 성공하고 싶어 하는 내적 동기가 필요하다. 외부의 칭찬에 따라 좌지우지되는 아이는 무슨 일이든 시작하기는 쉽지만 좌절하면 무너지기도 쉽다.

그래서 칭찬은 하되, 구체적으로 해야 한다. '예쁘다, 잘한다, 최고다'라는 애매한 칭찬 대신에, "빨간 리본이 잘 어울리네!", "색을 꼼꼼하게 잘 칠하는구나!", "네가 그린 태양은 정말 눈이 부시네. 엄마도 이곳에 가보고 싶어!", "어제보다 오늘은 10분 더 앉아 있었어. 하기 싫다고 하더니, 기특해!"라는 식으로 구체적으로 수행 과정을 칭찬하는 것이 좋다. 이렇게 해야 아이는 자신이 잘한 것이 무엇인지 알고 그 행동이 강화된다.

"그림이 멋진데!", "잘하고 있어!"와 같은 구체적이지 않은 칭찬은 그림의 어느 부분이 멋지다는 것인지, 뭘 잘한다는 것인지 딱히 와 닿지 않는다. 결과에 대한 칭찬은 어쩔 수 없이 평가하는 언어가 많아서 조심스러워지게 마련이다. 아이가 부모의 의도와 다르게 말을 해석할 수 있기 때문이다. 예를 들면 의존적이고 타인의 시선에 영향을 많이 받는 아이의 경우 "우리 딸 최고로 예뻐!"라는 말을 들으면 예뻐서 사랑받는다고 오해한다. 그러면 예쁜 것이 아이의 존재 이유가 될 수도 있다.

그렇다고 정말 예뻐서 한 칭찬이 모두 쓸모없다는 것은 아니다. 다만 아이가 어떤 사람인지 스스로 알 수 있게끔 다양한 이야기를 들려주어야 한다. 말하자면 외모뿐 아니라 능력이나 성품에 대해서도 골고루 칭찬해주어야 한다. 대개는 보이는 것만 칭찬하거나 정해진 칭찬만 하는데, 칭찬도 편식은 옳지 않다. 예쁘기 때문에 사랑과 관심을 받는다고 생각하는 아이는 친구에 비해 못생겼다고 느끼면 낙담할 것이다. 능력도 마찬가지라서, 엄마는 최고로 잘한다고 했지만 아이는 6살만 되어도 친구와 자신을 비교하기 시작한다.

그러니 어디에서나 뛰어난 아이로 만들기보다는 좌절했다고 쉽게 무너지지 않고 다시 일어설 수 있는 단단한 아이를 만드는 것이 중요하다. 칭찬을 필요 이상으로 많이 받은 아이는 부모의 승인과 인정에 의지하므로 좌절하면 불안해져서 아무것도 하지 않으려고 한다. 또한 앞으로 다가올 불확실한 미래에 맞서지 못한다.

한편 허용적인 부모는 칭찬과 지지의 표현이 지나칠 수 있다. 이런 부모는 아이가 떼를 쓰며 울거나 고집을 부리면 굴복하여 아이의 충동성과 공격적인 성향을 키울 가능성이 있다. 무분별하게 칭찬이 많은 부모는 잘못된 아이의 행동에 단호하지 못하거나 요구를 거절하는 것에 어려움을 느낀다. 칭찬을 무분별하게 사용하는 부모는 아이의 행동 중 좋은 부분만 보려고 노력하기 때문에 잘하는 행동에 대해서는 피드백을 잘 주지만 훈육이 필요한 상황에서는 회피하거나 아이에게 휘둘리는 경우가 많다. 이런 부모의 행동 때문에 아이는 혼란을 느끼고 행동을 통제하는 능력이 떨어져서 충동적이고 공격적으로 행동한다. 그런 아이는 엄마와의 관계뿐 아니라 다양한 사회망에도 문제가 생긴다. 유치원이나 학교의 선생님은 부모처럼 무조건 칭찬하지 않는다. 그래서 아이는 칭찬받지 못하면 쉽게 좌절할뿐더러 좌절에 약해지고 부정적인 피드백을 받아들이지 못한다. 외부에서 긍정적인 피드백을 받지 못하면 자신이 하는 일이 의미 없다고 생각하고 금방 싫증을 느낀다. 또한 인정받지 못하면 자신의 능력을 의심한다. 따라서 칭찬을 무조건 많이 하는 것은 옳지 않다.

반면 칭찬을 해줘도 받아들이지 못하는 아이들도 있다. 칭찬을 들으면 자신에 대해 잘못 봤다고 생각하며 겸손하게 말하기도 한다. 성공한 결과를 칭찬해도 운이 좋았다고 말한다. 심리학에서 이런 아이들은 가면 증후군Imposter syndrome에 걸려 있다고 한다. 가면 증후군이란 자신의 성과를 노력이 아닌 운 때문이라고 평가절하하는 심리 현상인데, 주변 사람들이 자신의 진짜 능력을 알면 실망할 것이라고 생각하여 지나치게 성실하고 근면한 모습을 보인다. 또한 자신이 이룬 성과도 운이 좋았다며 그 이유를 외부로 돌린다. 이런 아이는 윗사람에게 칭찬받거나 인정받기 위해 노력하는 경향이 그렇지 않은 사람들보다 더 강하며, 타인의 높은 기대 때문에 실패를 두려워한다. 이는 방어기제의 일종으로, 인정받고 싶은 욕구가 높은 사람은 타인의 시선을 과하게 신경 쓰기 때문에 자신을 있는 그대로 수용하지 못한다. 따라서 칭찬을 받아야 움직이는 아이들은 내적인 동기를 찾지 못하고 타인의 승인과 평가에 의해 행동이 좌우된다. 따라서 부모가 무심코 하는 칭찬이 아이에게는 독이 될 수 있으므로 칭찬도 분별하여 사용할 필요가 있다.

좋은 엄마는
칭찬과 격려의 차이를 안다

　과한 칭찬이 아이에게 독이 된다면 부모는 어떻게 아이를 지지해야 할까? 지혜로운 부모는 아이의 행동을 강화시키기 위해 적절하고 구체적으로 칭찬하고 격려한다. 드라이커스Rudolf Dreikurs는 아이들의 문제 행동을 예방하기 위해 가장 좋은 방법은 '격려'라고 강조한다.

　칭찬과 격려는 다르다. 칭찬은 평가의 의미를 담고 있어서 결과가 만족스러울 때 주는 것이다. 예를 들면 최고라든가, 완벽하다든가, 예쁘다는 등의 칭찬은 완벽한 속성을 반영한다. 반면에 격려는 과정을 중시하여 노력을 인정해주는 것이다. 그래서 부모의 평가가 아니라 아이에 대한 존중과 사랑을 담을 수 있다.

예를 들면 "도와줘서 고맙다", "열심히 하더니 성적이 좋아졌구나!", "엄마는 양보를 잘하는 네가 참 기특해"라고 아이의 행동을 중심으로 격려하는 것이다.

칭찬은 외부 평가에 의존하게 만들고, 격려는 스스로의 힘으로 변화하려는 내적 동기를 부여한다. 따라서 칭찬은 다른 사람에 대한 의존도를 높이고, 격려는 자신에 대한 확신과 신뢰를 쌓는다. 만약 "시험 잘 봤네, 잘했다! 다음에도 100점 맞도록 열심히 해보자!"라는 칭찬의 말을 격려로 바꾸려면 어떻게 해야 할까? "그동안 노력하더니 좋은 점수를 받았네. 노력해서 얻은 결과라 엄마도 기뻐. 우리 아들, 너무 든든해!" 이렇듯 칭찬과 격려를 구분해서 사용하기 어렵다면 "엄마는~"으로 시작하는 I 메시지로 칭찬하는 것도 좋다.

> "이 그림 멋지네."^{칭찬}→"엄마는 이 그림이 정말 맘에 들어! 특이 이 꽃의 색은 너무 예쁜데!"^{I 메시지}
> "피아노를 잘 치네!"^{칭찬}→"엄마는 네가 연주하는 피아노 소리만 들으면 기분이 좋아져!"^{I 메시지}

초등학생 시기는 아이가 근면함을 배우고 성취감을 느껴야 하는 단계다. 시험에서 좋은 점수를 얻기 위해 과제를 성실히 완수하고 시험을 보기 전에 미리 공부를 해야 한다는 압력을 받는 과정에서 아이들은 근면함을 배우고 성취감을 느낀다. 이때 부모가 결과에만 연연해서 아이의 능력을 평가하면 안 된다. 대신에 아이의 행동을 변화시키고 옳은 행동을 강화시키기 위해 격려해야 한다.

특히 임박 착수형 아이는 부모와 마찰이 잦다. 임박 착수형 아이의 부모는 결과를 두고 "거봐! 엄마가 뭐라고 했어! 미리 공부하라고 했지!"라는 식으로 아이에게 책임을 묻는데 이런 말로는 아이를 변화시키지 못한다. 대신에 다음에는 미리 준비하면 결과가 좋을 것이라고 기대하게 해야 한다. 임박 착수형 아이는 짧은 시간에 몰입해서 과제를 완수하는 능력은 있지만, 시간의 압박을 받으면 꼼꼼함이 떨어지기 때문에 성취도가 낮다. 따라서 아이를 조기 착수형으로는 바꾸기가 어렵다면 과제를 시작하는 시간을 앞당기도록 격려하는 것이 좋다. 이렇게 아이 스스로 자신의 능력과 성향을 파악하고 조절하도록 가르쳐야 한다.

1학년 별이도 임박 착수형이라 미리 공부하지 않고 과제를 끝까지 미루어 엄마와 마찰을 빚곤 한다. 특히 영어 시험에서 항상 실수를 저지른다. 별이 엄마는 미리 연습하고 갔을 때 어떤 변화가 일어나는지 알려주고 싶어서, 시험 보기 전에 별이에게 연습을 시켰다. 그런데도 별이는 100점을 맞지 못했다. 엄마는 헷갈리는 문장을 중점적으로 짚어주고 시험 보기 전에 한 번 더 보게끔 방법을 알려주었다.

이렇듯 격려는 아이가 어려움에 부딪혔을 때 이를 긍정적으로 받아들이게 한다. 별이는 이 과정을 거치면서 무언가를 이루거나 얻기 위해서는 노력이 필요하다는 것을 깨달았다. 저학년 아이가 배워야 하는 가장 중요한 사실은 100점짜리 시험지를 받는 것이 아니다. 공부의 동기를 부여하고 목표를 위해 근면하게 공부하면 점수는 그다음에 저절로 따르는 것이라는 사실이다.

별이는 좋은 점수는 그냥 얻어지는 것이 아니고 노력해야만 얻을 수 있는 성과이며, 그 성과가 자신의 자신감을 북돋워 주고 부모에게는 기쁨을 준다는 사실을 깨닫게 되었다. 엄마는 이런 별이를 격려했다. "엄마는 별이가 좋은 점수를 받은 것도 좋지만, 시험 보기 전에 열심히 준비하는 모습을 보고 너무 기뻤어. 시험 점수는 컨디션에 따라 달라질 수 있지만 노력하는 모습을 보니 이젠 다 컸다는 생각이 드네!"

이 과정에서 별이는 엄마가 든든한 조언자이고 자신과 한 팀이라고 느꼈다. 부모는 아이의 협력자이며, 부모가 할 일은 아이를 앞에서 이끄는 것이 아니라 뒤에서 밀어주는 것이다. 물론 얼마나, 어디까지 밀어줘야 할지는 정해져 있지 않다. 다만 아이가 가려는 길에 조금 더 힘을 실어줘야 하고, 적절한 시기에 밀어줘야 한다. 그게 부모의 역할이다.

하지만 격려할 때도 주의할 점은 있다. 성규는 9살 남자아이로, 엄마는 성규가 나약한 소리를 해서 걱정이다. 성규는 시험을 볼 때마다 "아마 또 실수할 거야! 잘할 수 없어"라고 말한다. 엄마는 아이가 이런 말을 할 때마다 "걱정하지 마. 잘할 수 있어. 괜찮을 거야"라고 응원하며 격려했지만 아이는 계속 나약한 태도를 보인다.

그런데 이 경우, 뜻밖에도 아이의 나약함을 강화시키는 것은 엄마의 격려다. 이렇게 나약함을 표현하는 아이는 어떻게 도와야 할까? 이런 아이는 정서적으로 불안함이 있기 때문에 실수할까 봐 두려운 마음이 커서 미리 안전장치를 만들어두기 위해 앓는소리를 한다. 이런 아이는 격려해주기보다는 무엇을 도와줘야 할지 이야기해야 한다. "실수할까 봐 걱정되는 거지? 이번에는 엄마랑 조금 더 연습해보자. 그래도 실수하고 점수가 잘 나오지 않으면 그 다음에는 함께 고민해보자"라며 적극적으로 도와줘야 한다.

선택을 강요하면
오히려 아이를 힘들게 한다

선택에는 책임이 따른다. 따라서 선택권은 권한과 책임을 동시에 준다는 의미다. 중요한 점은 아이가 책임질 수 있는 일에 선택권을 주었는가 하는 것이다. 아이에게 선택지를 주라고 하는 이유는 아이가 자신의 행동을 선택하고 책임지게끔 하기 위해서다. 이때 나이에 맞게 선택지를 주는 부모의 지혜가 필요하다.

선택과 책임의 과정은 '자기 조절력'을 길러주기 때문에 아이의 성장을 위해서는 꼭 필요하다. 자기 조절력이란 목표를 이루기 위해 자신의 행동이나 정서를 조절하는 것을 말한다. 세상에는 해야 할 것과 하지 말아야 하는 것이 너무 많다. 그러므로 자기 조절력이 있는 사람과 그렇지 못한 사람은 행위의 결과가 다르다.

또한 자기 조절력을 지닌 사람이라도 상황과 정서적 상태에 따라 자기 조절력이 약해지기도 한다. 어른들도 스트레스를 받으면 자기 조절력이 풀려 갑자기 당장 필요하지 않은 쇼핑을 하거나 일탈 행동을 한다. 나중에 후회하더라도 일단 스트레스에 취약해지면 늪에 빠지곤 한다. 아이들도 마찬가지다.

공부를 잘하는 데도 자기 조절력이 매우 중요하다. 자기 조절력을 지닌 아이는 공부를 잘할 수 있다. 자기 조절력이 좋은 아이는 당장 게임하고 싶고 놀고 싶어도, 공부를 해야 할 때는 놀기보다 공부를 선택한다. 이런 아이는 통제력에 대해 긍정적인 피드백을 얻을 테고 이 행동이 유지될 가능성이 높다.

이런 자기 조절력은 갑자기 획득할 수 있는 것이 아니다. 유아기부터 부모는 아이에게 원하는 것을 얻기 전에 기다리게 하면서 자기 조절력을 발달시킬 수 있다. 또한 하기 싫은 일도 참고 하게끔 보조해준다. 이를 아는 지혜로운 엄마는 아이가 새 장난감을 사달라고 하면 냉큼 사주지는 않는다. 대신에 집에 있는 장난감 중 하나를 동생이나 친구에게 주고 새 장난감을 살지, 새로운 장난감을 포기할지 아이에게 선택하게 한다.

아이에게 이런 딜레마는 매우 유익하고 도움이 된다. 이는 아이가 욕구를 조절하고 통제하는 법을 배우는 과정이기도 하다. 이때 부모가 제시하는 선택지가 아이의 수준에 적합한지 판단해야 한다. 아이가 감당하기에는 큰 책임이 따른다면 오히려 수치심과 죄책감을 심어줄 수 있으므로 조심해야 한다. 과거에 부모는 아이에게 어떤 체벌을 받을지 선택하게 했는데, 생각해보면 아이에게 끔찍한 선택지였다. 한때는 이것을 민주적인 훈육 방식이라고 여기기도 했다.

편식이 심한 아이에게 메뉴를 고르게 하는 것도 좋은 방법은 아니다. 아이가 선택했으니 잘 먹을 것이라고 생각했는데, 아이가 갑자기 먹지 않겠다고 하면 엄마는 화가 난다. "네가 골라놓고는 왜 안 먹어!" 그런데 잘 먹지 않는 아이는 여러 가지 변수에 의해 식욕이 떨어질 수 있다. 그러므로 이런 선택지는 아이에게 실패감을 줄 수 있다. 오히려 엄마가 주는 반찬 한 가지와 아이가 선택하는 한 가지를 먹게 하는 것이 더 좋은 선택지일 수 있다. 따라서 부모는 자신도 모르게 아이에게 선택에 따르는 책임을 너무 무겁게 지우는 건 아닌지 생각해봐야 한다. 이런 실수를 저지르지 않으려면, 아이에게 안전한 선택지를 주고 부모가 아이의 선택을 수용할 수 있는지 고려하는 편이 낫다.

한편 부모는 아이에게 다양한 선택지를 제시해야 한다. 선택지를 주는 이유는 부모의 일방적인 지시에 따라 하는 행동은 일시적이고, 시비가 벌어질 가능성이 높기 때문이다. 그래서 대부분의 엄마는 선택지를 주는 것이 옳다는 사실을 깨닫고 육아에 적용한다.

그런데 이를 잘못 사용하는 경우가 많다. 예를 들어, "엄마는 이 옷이 예쁜데. 근데 너는 둘 중 어떤 게 맘에 들어?"라고 묻는다면, 이 선택의 주도권은 아이가 아닌 엄마에게 있다. 아이에게 선택하게 하는 것 같지만, 아이는 엄마가 예쁘다고 한 것을 선택할 가능성이 높다. 특히 타인의 의견을 중요하게 여기는 아이라면 더욱 그렇다. 또는 아이가 이미 선택을 했는데도 "엄마는 이게 더 좋은데, 이거 하면 어때?"라고 다시금 묻는 것도 그렇다. 이는 엄마가 원하지 않는 것을 고르면 "다시 한번 생각해봐!"라며 자신이 원하는 방향으로 이끌어가는 셈이다. 아이에게 선택지를 주고 있다고 엄마는 생각할지 모르지만, 아이는 자신의 의지대로 선택하지 못한다.

또한 연령에 따라 선택지를 다르게 제시해야 한다. 예를 들면, 옷을 고르게 할 때 5~6세 아이라면 엄마가 미리 3벌 정도 골라놓고 그중에서 고르게 하는 것이 좋다. 나이가 어리면 적절하게 옷을 고르지 못하고 갑자기 한복을 입겠다거나, 더운 여름에 겨울 코트를 선택할 수 있다. 아이에게 선택하라고 해놓고, 말을 물리는 일이 생기면 아이도 자신의 책임을 회피하는 법을 배운다. 따라서 미리 선택의 폭을 줄여주어야 한다. 쇼핑몰에서 옷을 고르게 할 때도 아이의 취향과 엄마의 취향이 너무 달라 아이의 의견을 수용하기 힘들다면 함께 쇼핑하지 않는 것이 좋다. 어차피 엄마 마음대로 고를 가능성이 높다면 선택지를 줄여야 한다.

선택지를 주었는데 아이가 예상 밖의 대답을 할 때는 아이에게 선택권을 넘기기 어려울 것이다. 그럴 때는 양해를 구해야 한다. 12살인 혜원이에게 엄마는 친척 집에 방문할 것이라고 말했다. 혜원이는 워낙 밖에 나가는 것을 싫어하고 낯선 곳과 낯선 사람을 어려워하는 편이라, 집에 남는 편을 선택했다. 예전에는 혼자 있는 것을 무서워해서 "그럼 집에 혼자 있어야 해! 엄마 아빠는 깜깜해져도 집에 돌아오지 않을 수 있어!"라고 겁을 주면 엄마를 따라나서기도 했는데, 12살이 된 아이는 엄마의 위협에도 겁을 먹지 않는다. 혼자 집에 있겠다는 혜원이를 어떻게 해야 할지, 부모는 생각이 복잡하다.

"아빠는 혜원이가 함께 할머니 댁에 가는 게 좋을 것 같아. 네가 가지 않으면 할머니, 할아버지가 걱정하실 테니까. 그리고 항상 맛있는 음식을 해주시는 할머니께 죄송하다는 생각이 드네. 아빠가 부탁할게, 같이 가자!"라며 아빠가 아이를 설득하면, 내키지 않더라도 따라나설 수 있다. 이처럼 아이의 선택대로 하지 못할 경우에는 아이를 설득하고 양해를 구해야 한다. 이 과정에서 아이는 자신과 타인의 의견을 조율하는 방법을 배운다. 자신의 선택이 무조건 옳다고 생각하고 고집을 부리면 사회적으로 비난받을 것임을 깨닫는다. 이런 기회를 통해 선택을 철회하는 법을 배우면 도움이 될 것이다.

설명보단
질문을 던져라

요즘은 훈육할 때 아이를 강압적으로 대하지 않고 합리적으로 설명하고 가르치려고 애쓴다. 합리적인 설명이란 부모가 아이의 입장에서 논리적으로 설명해주는 것을 말한다. 7살 경이가 놀이터에서 친구와 싸웠다. 경이는 미끄럼틀을 거꾸로 올라가고 있었는데, 친구가 미끄럼틀을 내려오다 경이에게 부딪힌 것이다. 경이는 친구가 자기가 올라가는 것을 보고도 내려왔다고 주장했다. 친구가 경이를 보고도 그냥 내려온 것은 분명했지만, 엄마는 경이가 먼저 규칙을 어겼다는 점을 가르쳐줘야 한다.

"경이야, 미끄럼틀은 거꾸로 올라가면 안 되는 거야. 그러려면 계단을 이용해야지. 내려오는 친구가 너를 보고도 일부러 무시했더라도 거꾸로 올라가는 사람이 먼저 잘못한 거니까. 엄마가 뭐랬어? 규칙은 중요하다고 했지? 다음엔 계단을 이용해서 올라가. 알았지?" 엄마는 경이에게 화를 내지는 않았지만 일방적으로 설명했다. 하지만 경이는 매번 같은 일을 일으켜 혼이 난다.

그렇다면 경이의 기분은 어떨까? 경이는 무엇보다도 아프고 억울하고 화가 난다. 그래서 엄마의 말은 귀에 들어오지 않는다. 자신은 아픈데 엄마는 자신만 탓하는 것 같아 서운할 뿐이다. 경이로서는 자신의 잘못이 중요하지 않다. 자신을 보고도 그냥 내려온 친구의 눈빛을 생각하면 화가 나고, 다친 자신을 위로하기보다 오히려 탓하는 엄마에게 서운하고 속상할 뿐이다.

경이 엄마는 합리적으로, 아이를 윽박지르지 않고 설명하는 좋은 엄마다. 하지만 아이는 이 상황을 해석하고 받아들이는 방식이 엄마와 다르다. 설명을 많이 한다고 좋은 것은 아니다. 물론 아이는 부모의 설명을 통해 자신의 행동에서 고쳐야 할 점을 인식하고, 다음 행동에 반영할 수 있다. 따라서 합리적인 설명은 아이가 사회생활에 필요한 규칙과 태도를 배우는 기회가 되고, 사회성에 긍정적인 영향을 미치게 된다.

그런데 합리적인 설명이 너무 많으면 오히려 역효과가 난다. 이런 부모는 아이를 민주적으로 대하기보다는 자신의 생각에 따를 것을 강요한다. 그러면 아이는 일방적으로 옳고 그른 것을 강요하는 부모의 생각과 말에 의존한다. 그렇지만 아이는 무엇이 잘못된 행동인지 모르기 때문에 같은 잘못을 저지른다. 혹은 엄마의 기대를 채우지 못하는 자신을 공격하게 될지도 모른다. 따라서 부모는 옳고 그른 것을 가르치기보다는 아이 스스로 자신의 행동을 인식하고 조절하도록 도와야 한다.

아이는 자신의 행동에서 무엇이 잘못되었는지 인식하고, 똑같은 실수를 또다시 저지르지 않으려면 어떻게 해야 하는지 스스로 판단하고 움직여야 한다. 부모가 열심히 알려주어도 아이의 행동에 변화가 없다면, 부모의 방법에 문제가 있는 것은 아닌지 의심해봐야 한다.

기질적으로 공감 능력과 타인 수용 능력이 부족한 아이는 어떤 상황에서는 자기중심성이 강해진다. 그럴 때는 엄마에게 배운 대로 행동하지 않는다. 그래서 문제가 생기면 상대보다 아픈 자신이 먼저라고 여긴다. 이런 아이에게는 일단 공감해주고 진정시킨 다음, 질문을 통해 아이의 생각을 들어보고 논리적으로 소통해야 한다. 그러므로 설명보다 질문을 잘해야 한다. 아이의 잘못이나 보편적으로 알아야 하는 진리를 일방적으로 설명하기보다는, 질문을 통해 아이가 문제를 인식하면 스스로 어떤 행동을 해야 할지 판단하고 선택하면서 행동이 바뀐다.

자기 위주로 세상이 돌아간다고 믿는 자기중심적인 아이의 경우, 다른 사람의 입장에서 생각하는 연습을 할 필요가 있다. 자기중심성이 강한 아이는 다른 사람과 타협하기보다는 자신에게 불리한 것을 먼저 떠올린다. 여러 가지 상황을 염두에 두기보다는 자신에게 해가 되는지, 득이 되는지를 먼저 판단하므로, 상황이나 타인을 보는 시각이 편협할 수밖에 없다. 그러므로 자기중심적인 아이를 다룰 때는 무조건 아이의 생각이 틀렸다고 하기보다는 질문을 통해 아이의 생각을 변화시켜야 한다. 자기중심적인 아이는 자존심이 강해서, 일방적으로 지시하거나 아이의 말과 행동이 틀렸다고 하면 인정하지 않는다. 따라서 질문을 통해 아이가 스스로 잘못한 점을 깨닫고 정리하면 아이의 행동이 변하고 변화된 행동이 유지된다.

반면 지나치게 타인 중심적인 아이는 자신의 감정보다 다른 사람의 감정을 중요하게 여긴다. 타인 중심적인 아이는 분쟁을 싫어하기 때문에, 분쟁이 일어나기 전에 자기 것을 내주고, 손해를 보더라도 타인 중심적으로 행동한다. 그러다 보니 자신의 감정은 무시하거나 잘 모르는 상태로 넘어가고, 결국 분노나 짜증, 서운함 등의 부정적인 감정에 휩싸이는 경우가 많다. 그래서 타인이 아닌 자신의 생각과 감정을 들여다볼 수 있도록 질문해야 한다. 타인 중심적인 아이에게는 "네 생각이 뭐야?", "네가 원하는 게 뭐야?", "네가 좋을 대로 해!", "너의 생각이 제일 중요해", "네 생각이 맞아!"라는 말로 아이가 자신을 돌보고 자신감을 갖도록 도와야 한다.

A부터 Z까지 하나하나 설명해주는 방식이 친절하고 좋아 보일 수도 있지만, 아이의 입장에서는 일방적으로 부모의 생각을 강요받고 따라야 하는 것으로 여길 수 있으므로 조심해야 한다.

엄마와 함께 있어도
아이는 외롭다

아이가 필요로 할 때 함께 있어주는 것은 아이의 정서 발달에 매우 중요하다. 그러나 '집에 있는 엄마'라는 사실만으로 충분하다고 생각해선 안 된다. 심리학에서는 주양육자의 역할을 강조하기 때문에, 엄마는 부담을 느끼고 육아에서 비는 곳을 만들지 않으려 애쓴다. 하지만 요즘은 예전과는 달리 조부모나 친척의 도움을 받거나 이웃의 도움을 받기 어렵다. 예전에는 이웃집에 보내 한 끼를 해결하거나 하루 종일 밖에 나가서 놀다 들어와도 안전한 세상이었지만, 지금은 그렇지 않다. 게다가 남의 집에 보내는 것도 폐를 끼치는 것 같아 조심스럽다. 따라서 엄마 혼자 오롯이 육아해야 한다. 우리 아이가 안전하게 한 시간만 놀다 올 수 있다면 행복할 것이다. 엄마에겐 그런 좋은 이웃이 있다는 것이 때로는 쉬는 기회가 되기도 한다.

예전에는 엄마가 육아에 신경을 덜 써도 괜찮았다. 대가족이라 여러 사람이 같이 아이를 길렀기 때문이다. 이는 다양한 자극과 반응이 오간다는 뜻이기도 하다. 그렇다면 양육자가 많아야 아이가 잘 크는 것일까? 다양한 사람에 의해 양육되는 것이 사회적 자극이라고 한다면, 주양육자와 오롯이 맺는 애착 관계가 좋은지, 다양한 사회적 자극을 받으며 주위 사람들과 더불어 사는 것이 아이의 애착 형성에 좋은지, 갑자기 궁금해진다.

주양육자가 돌보는 아이와 부모 없이 보육원에 맡겨진 아이의 정서 발달에 대해 연구한 학자들이 있다. 주양육자가 있는 환경에서 아이들이 더 잘 자랄 것으로 생각했지만, 결과적으로 부모는 없었지만 사회적 자극이 많았던 그룹의 아이들이 정서적으로 더 안정적이었다. 이런 결과는 부모가 아이와 한 공간에 있기보다는 아이의 사회적 신호_{미소, 요구, 애교, 말 걸기}를 알아차리고 반응하는 것이 중요하다는 사실을 보여준다. 즉, 민감하게 반응해주는 육아가 중요하다는 말이다. 물론 해야 할 일이 많은 엄마가 집안일을 멈추고 아이와 계속 놀아줘야 한다는 뜻은 아니다. 핸드폰을 끄고 아이에게 집중하라는 얘기도 아니다. 다만 엄마가 함께 있다고 해서 아이의 정서가 안정적이라고 단언할 수는 없다는 것이다. 그러므로 아이와 의미 있게 소통하려는 고민과 노력이 필요하다.

아이와 소통을 잘하려면 잘 들어주어야 한다. 그리고 엄마가 아이의 말을 잘 듣고 있다는 것을 표현해줘야 한다. 표현하는 방법에는 언어적인 방법과 비언어적인 방법이 있는데, 비언어적인 메시지가 언어적인 메시지만큼 중요하다. 하던 일을 멈추고 아이 눈을 바라보는 등의 비언어적인 행동은 부모가 자신의 이야기에 집중하고 있다고 느끼게 한다. 대화 중에 고개를 끄덕여주거나 눈짓으로 공감을 표현할 수도 있다. 아이의 이름을 불러주고 눈을 맞추며 웃어주는 것도 좋다.

엄마가 다른 일과로 바빠 방치된 아이가 떼를 부리면, 아이에게 잠시 시간이 필요하다고 양해를 구해야 한다. 그리고 엄마가 원하는 것을 계획해서 제시하기보다는 아이에게 엄마랑 하고 싶은 일이 무엇인지 물어본다. 아이가 바라는 것은 아주 단순할지도 모른다. 한편 아이가 성장하면 독립된 공간에서 혼자 지내는 시간이 많아진다. 그럴 때 부모는 시시때때로 필요한 것은 없는지 물어보는 것으로 충분하다.

가족 구성원들의 성격에 따라 소통하는 방법이 다르다. 활동적인 가족은 함께 외출하고 이야기를 나누고 운동하며 시간을 보내겠지만, 함께 있는 시간보다 혼자 할 일을 조용히 하는 가족은 서로의 영역을 존중한다.

밥상머리 교육이라는 말이 있는데, 소통하기에 가장 좋은 장소가 식탁이라는 말이다. 하루 중에 가족이 모두 모여 이야기를 나눌 만한 여유가 없기 때문에, 아이와 이야기를 나누며 친밀감을 느끼는 식사 시간은 중요하다.

또한 시간을 정해 가족회의를 하는 것도 좋다. 가족회의는 필요하다고 생각할 때마다 시시때때로 하는데, 형제들 간에 싸우거나 부모-아이 간에 해결되지 않는 주제가 있다면 안건으로 삼을 수 있다. 가족은 작은 사회이므로 부모와 아이가 가정의 일을 함께 의논하고 해결하는 것은 아이가 세상과 타협하고 조율하는 방법을 배우는 기회가 된다.

한편 '베드타임'을 활용할 수도 있다. 이는 습관적으로 매일 밤 하는 것이 좋은데, 불을 끄고 잠자리에 누워서 부모가 먼저 이야기를 시작한다. 부모의 하루가 어땠는지, 아이에게 미안했거나 고마웠던 점을 이야기한다. 그리고 아이에게도 경험한 것을 알려 달라고 말한다. 이 시간은 불편했던 마음이나 해결되지 않았던 생각을 풀어내는 통로이자 소통의 방법으로 매우 유익하다.

3살과 5살 자녀가 있는 미경 씨는 끝이 보이지 않는 육아로 지쳐가고 있다. 두 아이 모두 어린이집에 다니기 때문에 하루 종일 함께 있는 것은 아니다. 충만하게 시간을 함께 보내지 못하고 잠든 아이들을 보면 엄마는 미안한 마음이 든다. 미경 씨는 아이들을 씻기고 잠옷을 갈아입히고 잠자리에 눕기 전까지 한바탕 전쟁을 치른다. 꾸물대는 5살 아이와 더 놀겠다고 떼를 쓰는 3살 아이와의 기 싸움은 큰 스트레스로 다가왔다.

그래서 베드타임을 활용하기로 했다. 자기 전에 이야기를 나누며 하루를 마감하는 시간은 부모나 아이에게 매우 소중해졌고, 엄마가 재촉하지 않아도 아이는 아늑하고 포근한 엄마 옆자리에 눕기 위해 스스로 잘 준비를 한다. 처음에는 무슨 말을 해야 할지 몰라 동화 이야기를 해주었고, 그다음 날은 아이에게 미안하고 기특하다고 생각했던 부분을 이야기했다. 베드타임의 가장 큰 장점은 정서적 안정과 유대감인데, 서로의 이야기를 들어주고 나누면서 친밀감을 느끼게 된다. 엄마도 하루의 일과를 마무리한다는 생각에 아이의 말을 경청하고 수용하는 마음의 여유가 생긴다. 가끔은 웃고 떠들고 노래도 불러서 아이들이 잠들지 않을까 봐 걱정하기도 했지만, 아이들은 금방 새근새근 잠이 들었다. 이 시간을 통해 엄마도 마음에 남아 있던 감정을 나누니 기분이 좋아졌다.

이렇듯 일상에서 나누는 언어적, 비언어적인 소통은 부모-아이 간에 친밀감을 느끼게 해준다. 아침에 일어나면 안아주고 인사하며, 아침을 먹으면서 무슨 꿈을 꾸었는지, 오늘 하루는 무엇을 해야 하는지 이야기하며 하루를 시작하는 것은 부모-아이 간에 좋은 관계를 만드는 방법이다. 하루 종일 옆에 있는 엄마도 좋지만, 의미 있는 소통을 통해 아이와 좋은 관계를 만들어가는 것이 무엇보다 중요하다.

어색한 거짓말은
아이도 안다

부모가 아이 앞에서 싸우는 것을 조심하는 이유는 아이가 받을 상처를 염려하기 때문이다. 그래서 좋은 부모가 되기 위해 싸울 일이 있어도 싸우지 않고, 싸워도 안 싸운 척한다. 그리고 이것이 좋은 부모의 역할이라고 생각하는 경우가 많다.

아이가 어리다는 이유로 가정에서 일어나는 일을 설명하지 않는 부모가 많다. 그러나 아이도 보고 듣고 생각하는 능력이 있다. 특히 부모의 일은 자신의 삶과 밀접하기 때문에 더욱 민감하게 반응한다. 그런데 아이가 목격한 것마저도 부인하는 부모가 있다. 분명 부모는 말다툼을 했는데, 아이에게 엄마 아빠는 싸우지 않았다고 우기는 것이다. 서로 냉랭하게 말도 제대로 하지 않으면서 아이 앞에서는 아무렇지도 않은 척하면, 아이는 부모가 뭔가 숨기고 있다고 여긴다.

아이에게는 부모가 세상이므로, 부모에게 무슨 일이 일어나면 직감적으로 느낀다. 부모의 일을 전부 알려주고 나누는 것도 옳지 않지만, 때에 따라서는 아이와 가족의 일을 의논해야 한다. 아이는 부모의 일에 예민해서 작고 불편한 신호를 잘 알아차린다. 오히려 혼자만의 생각에 빠져 문제를 확대해석하거나 제멋대로 결론을 내리기도 한다. 부모의 사이가 좋지 않아 부정적인 기운을 느낄 때는 더욱 그렇다.

부득이하게 아이 앞에서 말다툼을 했다면, 문제를 회피하지 말고 끝까지 싸우고 마무리하는 모습까지 보여주는 것이 좋다. 마무리가 되지 않은 채 다툼이 끝나는 것을 아이가 봤다면, 싸움이 끝났고 부모가 화해했다는 것을 알려주어야 한다. 이렇게 화해하고 문제를 해결하는 모습을 보여주어야 아이의 불안을 잠재울 수 있다. 아이는 부모가 말하지 않아도 가정의 불안을 모두 느낀다. 부모가 싸우면 이혼할지도 모른다고 생각하고, 이혼하면 자신은 누구와 살아야 할지 고민한다. 아이는 부모가 싸울 때 겁에 질리며, 부모의 표정을 통해 불안은 증폭된다. 부모의 일로 아이의 존재감까지 흔들리는 것은 자주 일어난다.

내가 상담한 한 가정은 부부관계가 좋고 아이들과 협력하는 편이며, 부부는 아이들 앞에서 스킨십도 잘하고 의견도 잘 조율한다. 그런데 어느 날 아이들이 잠든 사이에 부부끼리 다투었다. 특히 엄마는 잘 참고 너그러운 편이었는데, 이번에는 절대 넘어갈 수 없다고 생각해 다투고 만 것이다. 그래서 아이들에게 엄마와 아빠는 냉전 중이고, 이야기를 하다가 다툼이 생겼다고 알려주었다. 부부의 다툼으로 아이들이 눈치를 보거나 상처받지 않길 바랐기 때문이었다. 그래서 이 일은 엄마와 아빠 사이의 일로 생각해달라고 설명했다. 부모가 아이들을 버텨주듯, 아이들도 부모의 감정을 버텨주긴 바란 것이다. 이는 세상 사람들과의 관계에도 적용되어, 타인의 감정에 쉽게 죄책감을 느끼거나 압도되지 않는 연습이 된다. 즉, 상대가 누구든 부정적인 감정일 때는 기다려주어야 한다는 원리를 깨닫는 것이다. 부부는 싸울 수 있고, 가정에 좋지 않은 일이 생길 수도 있다. 이럴 때 부모는 아이를 가정의 일에 참여시켜야 한다. 아이는 부모를 거울 삼아 세상을 바라보며, 가정은 안전기지와 같아서 에너지를 얻고 세상으로 나가는 바탕이 되기 때문이다.

사실 어느 부부든 싸우지 않을 수 없다. 그러므로 아이에게 싸우는 모습을 보여주지 않으려고 애쓰기보다는 어떻게 의견을 조율하고 협력하는지, 그 과정을 보여주는 편이 낫다. 그래야 아이는 싸우는 것을 두려워하지 않으며, 싸운 후 화해하는 법을 배운다. 물론 부모의 다툼을 자주 목격하거나 험악한 분위기가 자주 조성된다면 아이의 정서에 좋지 않다. 그러나 그런 경우가 아니라면 아이가 부모의 일을 사실과 다르게 해석하고 걱정하지 않도록 상황을 명확하게 알려야 한다. 가정 내에서 일어나는 크고 작은 일은 아이가 앞으로 살아가야 할 세상사의 축소판인 셈이다. 그러므로 가정에서 부모가 어려운 일을 어떻게 해결해가는지 지켜보는 것은 아이가 문제에 압도되지 않고 해결하는 방법을 배우는 기회가 된다.

2
장

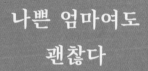

나쁜 엄마여도
괜찮다

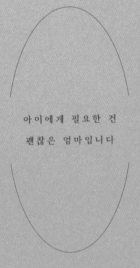

아이에게 필요한 건

괜찮은 엄마입니다

일관된 육아는
환상이다

대부분의 부모는 일관되게 육아하기가 힘들다는 것에 동의할 것이다. 아이의 요구에 일관적으로 반응하고 가정의 규칙을 적용하기가 쉽지 않고, 일관적인 양육 태도는 자칫 가혹하게 비춰지기도 한다. 그래서 좋은 부모란 무엇인지 정의할 필요가 있다.

권위 있는 부모는 따뜻하고 수용적이면서 힘을 갖고 있으며, 아이가 부모의 지시를 따르도록 어떻게 동기를 부여할지 고민하고 배려한다. 융통성 없는 기준을 세워 아이를 지배하려 들거나 표현의 자유를 허용하지 않는 독재적인 부모와는 달리, 권위 있는 부모는 합리적인 방식으로 아이를 통제한다. 아이는 통제를 받으면 반항하고 저항하기 쉽지만, 수용적이고 따뜻한 요구라면 불평하거나 저항하기보다는 복종할 가능성이 높다. 권위 있는 부모는 현실적으로 따를 수 있을 만한 기준을 세우고 아이가 그 기준을 따를지 결정하게끔 자율성을 부여한다. 아이에게는 사랑과 제약이 모두 필요하다. 부모가 아이를 냉담하게 대하고 방치하면 아이는 자기통제를 배울 수 없으며, 매우 이기적이고 반항적으로 행동하게 된다. 그러니 가혹하더라도 아이들의 잘못된 행동에 대해서는 일관되게 훈육해야 한다.

일관된 육아란 같은 상황에서 같은 반응으로 아이를 대하는 것을 말한다. 그렇다면 일관성이란 어떤 의미일까? 어떤 사람이 나를 일관되게 대하면 나는 그 사람을 빨리 이해하고 적응할 수 있다. 항상 약속을 잘 지키고 일관된 태도로 나를 대한 사람에게는 믿음이 생겨서 대하기가 편하다. 그런데 만날 때마다 어떤 사람인지 알 수 없는 사람이 있다. 좋아하는 음식도 매번 다르고 상황을 바라보는 관점도 매번 달라져서 알면 알수록 파악이 안 되는 사람과의 만남은 피곤하다. 그리고 이런 사람을 대하는 나의 태도도 일관적이지 않게 된다.

아이도 마찬가지다. 부모의 일관된 반응은 아이를 편하게 해주고 어떻게 소통해야 하는지 알려준다. 따라서 일관된 육아는 아이의 정서 안정에도 도움이 되지만, 아이가 세상을 어떻게 살아야 하는지 방법을 찾는 데도 유용하다. 또한 부모의 일관된 태도는 아이의 사회성을 길러주는 바탕이 된다. 사회적인 인간이 되려면 사람과의 신뢰를 바탕으로 어떻게 소통해야 하는지 간파하는 능력이 중요하다. 사회학자는 일관된 육아가 아이의 자기통제력을 향상시키기 때문에 사회에서 요구하는 기준을 빨리 배운다고 설명한다. 엄마가 일관되게 예절의 중요성을 알리고 가정일을 돕게 하면 아이는 어디에서든 그렇게 한다. 엄마의 일관된 지도로 아이는 좋은 태도를 지니게 된다.

부모가 육아에 대한 소신과 철학을 가지고 시종일관 동일하게 반응하는 예를 살펴보자. 아이와 마트에 가기로 한 날, 오늘은 마트에 가서 장난감을 사지 않을 거라고 약속했다면 그날은 아이가 아무리 울고 떼를 써도 장난감을 사지 않고 집으로 돌아와야 한다. 그런데 아이와 약속하고도 부모가 원하는 대로 상황이 돌아가지 않는 경우도 있다. 그러면 아이는 부모와의 약속을 아무렇지 않게 여기고 기 싸움을 한다. 그리고 부모가 제한했더라도 단념하지 못하고 고집을 부린다. 이렇듯 약속을 지키는 법을 배우기보다 요구를 관철시키기 위해 잔머리를 쓰는 것은 아이의 사회성 발달에도 나쁜 영향을 미친다. 그러므로 부모는 한번 약속한 일은 반드시 지키도록 해야 한다.

일관된 육아가
어려운 이유

아이가 약속을 지키기보다 잔머리를 굴리는 문제의 근본적인 원인을 양육 태도를 고수하지 못한 엄마의 잘못으로 치부하기는 어렵다. 일관된 육아는 어디까지나 지향해야 할 목표점이지, 평가 수단이 될 수 없다. 그렇다면 일관된 양육 태도를 갖기 위해 생각해볼 점은 무엇인지, 일관된 양육 태도를 방해하는 요소와 그 기준을 살펴보자.

우선 일관된 양육 태도를 갖기 어려운 이유를 부모와 아이로 나누어볼 수 있다. 첫째, 부모의 성격과 심리 상태에 따라 육아의 기준이 흔들리는 경우가 있다. 부모의 성격이 우유부단하거나 싫은 소리 하는 것을 좋아하지 않는다면 일관된 양육 태도를 유지하기가 어렵다.

희준이 엄마는 전문가가 조언하듯 단호하게 훈육하기가 쉽지 않다. 오늘은 희준이와 서점에 가기로 한 날이다. 지난번 서점에 갔을 때 희준이가 책보다는 장난감을 사겠다고 떼를 썼던 기억이 나서, 엄마는 희준이에게 약속하게 했다. "희준아, 오늘은 책만 살 거야! 장난감 사달라고 하면 안 돼"라고 하자 희준이는 "네!"라고 대답했다. 하지만 막상 서점에 가자, 밀당의 고수인 희준이는 바로 장난감 코너에 발이 멈추었다. 희준이는 엄마와의 약속은 잊은 듯 "엄마, 나 이거 살래"라며 떼를 쓰고, 희준이 엄마는 서점에서 시끄럽게 굴 수 없어서 그냥 사주기로 한다. 희준이 엄마는 돌아오는 차 안에서 일관되지 못한 자신을 자책한다. 그리고 약속을 지키지 않고 원하는 것을 손에 쥔 채로 좋아하는 아이가 괜히 미워진다. 그렇다면 무엇이 문제였을까?

엄마가 집을 나서기 전에 희준이와 했던 약속을 살펴보면, "희준아, 오늘은 책만 살 거야! 장난감 사달라고 하면 안 돼"였는데 약속은 좀 더 구체적이어야 한다. 또한 규칙을 정하는 과정에 아이를 참여시키는 것이 좋다. 그래야 아이가 자발성과 책임감을 기를 수 있기 때문이다.

엄마: 희준아, 우리 서점에 갈 거야! 서점에는 왜 갈까?

희준: 책 사러.

엄마: 그런데 지난번에 책 사러 갔을 때 희준이가 엄마한테 왜 혼났는지 기억해?

희준: 어, 내가 장난감 사자고 졸라서.

엄마: 그럼 오늘은 책만 살 거야. 어때?

희준: 네!

엄마: 만약 희준이가 장난감 사달라고 떼를 쓰면 어떻게 해야 할까?

희준: 그럼 안 사주면 되지!

엄마: 그런데 희준이가 장난감을 보면 마음이 바뀔지도 모르잖아.

희준: 내가 사고 싶은 장난감이 있으면 사진 찍어두고 생일 때 사줘.

희준이 엄마는 예견된 기 싸움을 막기 위해 마트에 가기 전에 제한을 설정했다. 희준이를 한 번 더 믿어보자는 마음에 집을 나섰다면 또다시 희준이와 기 싸움을 벌여야 했을 것이다. 아이와 벌이는 기 싸움에서 엄마가 더 단단해지기 위해 반드시 알아야 할 것이 있다. 이런 상황에서 아이의 욕구를 좌절시키는 편이 채워주는 것보다 더 유익하다는 사실이다. 자신의 욕구가 받아들여지지 않아 좌절에 빠졌을 때 이런 부정적인 감정을 조절하는 능력은 갑자기 만들어지지 않는다. 그런 과정을 반복적으로 겪으면서 스스로 부정적인 감정에서 빨리 빠져나올 수 있는 방법을 찾는다. 이렇듯 아이는 엄마의 거절에 화를 내고 슬퍼하는 순간에도 성장한다.

둘째, 아이의 기질이 일관된 육아를 방해한다. 아이가 고집스럽고 자기중심적이어서 자기 맘대로 하려는 성향이 있다면 일관된 양육 태도를 유지하기가 어렵다. 이런 성향의 아이는 수치심을 잘 느끼기 때문에 엄마의 말에 수긍하기보다 반항할 가능성이 높다. 실제로 고집스럽고 충동적인 아이를 대할 때 부모는 강압적으로 대하게 된다. 결국 부모는 지치고 애정이 줄어들기도 한다. 하지만 고집스럽고 자기중심적인 성향의 아이일수록 선택과 책임의 원리에 따라 가르치고 믿어주는 것이 효과적이다.

이런 아이는 통제력과 타인에 대한 이해가 부족해서 고집을 부리거나 자기 마음대로 행동한다. 그렇다고 해서 부모가 자기중심성이 강한 아이를 몰아세우고 지시적으로 대하면 아이는 자기 성찰을 하는 대신 분노할 것이다. 따라서 아이에게 선택권과 결정권을 주고 책임을 지게 하는 것이 좋다. 이런 성향의 아이는 합리적이고 인정받을 수 있는 방향으로 힘을 쓰게끔 도와줘야 한다.

한편 예민하고 감정적인 아이는 기분을 맞춰주기 어렵기 때문에 일관되게 육아를 하기 어렵다. 8살 나민이는 예민하고 감정적이지만, 따뜻한 면이 있다. 자신의 기분을 완벽히 통제하기에는 아직 어리므로 나민이의 기분은 자주 바뀐다. 그래서 나민이는 기분이 좋으면 엄마에게 뽀뽀해주고 살갑게 굴다가도, 기분 나쁜 일이 생기면 참지 못하고 마구 짜증을 내곤 한다. 엄마는 조금 기다려주면 나민이의 짜증이 가라앉는다는 것을 알기에 기분이 좋아질 때까지 기다려주거나 나민이를 달랜다. 하지만 엄마도 너무 피곤한 날은 받아주기가 어려워 짜증을 내거나 화를 내고 만다. 이렇게 나민이처럼 예민하고 감정 기복이 심한 아이를 일관되게 다루기란 참 어렵다.

게다가 부모는 아이의 요구에 선택적으로 반응해야 한다. 예를 들면 아이를 위해 잠자리에서 매일 책을 읽어줘야 하는 것은 아니다. 어느 날은 엄마가 피곤하다고 알려주고 그냥 재우는 것도 괜찮다. 강박적으로 스케줄을 정해놓고 그대로 따르려는 아이는 불안감이 높아서 안정적인 상태로 만들기 위해 틀과 규칙을 만드는 경향이 있다. 이런 틀이 일상에서 반복적으로 일어나면 엄마는 틀을 깨고 싶은 욕구와 아이의 감정을 존중해주고 싶은 마음 사이에서 갈등하게 된다. 이럴 때조차 아이에게 일관되게 반응하는 것은 옳지 않다. 아이의 불안한 마음을 존중해주되 준비 없이 뛰어드는 세상도 견딜 만하다는 것을 알려줄 필요가 있다. 그러므로 엄마와 준비 없는 세상을 견디는 경험이 필요하다. 세상이 자신이 정한 대로 돌아가지 않는다는 것을 아이도 알아야 하며, 그런 세상도 견딜 수 있다는 자신감을 가져야 한다. 그러려면 부모는 아이가 위험하다고 생각하는 세상에 조금씩 노출되도록 조절해줘야 한다.

엄마는
로봇이 아니다

일관된 육아를 위해서는 좀 더 명확한 기준이 필요하다. 우선 아이가 꼭 지켜야 하는 행동은 일관되게 알려주어야 한다. 육아에서 일관성을 갖고 반응해야 하는 요소가 있는데, 특히 아이의 자조 활동과 학습에 관계된 것이다. 예를 들면 아침 기상 시간은 7시 30분, 식사는 식탁에서 정해진 시간에 먹기, 해야 할 과제와 학원 스케줄 지키기, 씻고 잠자리에 들기, 9시 이전에는 컴퓨터의 전원 끄기, 10시에는 취침하기, 방학에는 눈뜨자마자 책이나 과학 잡지 읽기 등이다. 이런 규칙은 아이와 엄마와의 기 싸움을 줄이는 데 꼭 필요하다. 기 싸움을 하다 보면 아이의 자존감이 떨어지고 엄마 역시 육아 효능감이 떨어지기 때문이다.

아이를 돕기 위해 부모는 아이의 행동에 일관되게 반응해야 한다. 부모가 일관성 없이 혼란을 주면 아이는 상황을 변별하려 한다. 변별이란 학습된 행동이 한 가지 상황에서만 일어난다는 것인데, 예컨대 빨간 불빛에서는 일어나지만 파란색 혹은 녹색 불빛에서는 일어나지 않는 경향을 가리킨다. 쉽게 말해, 어떤 상황을 일관되게 금지하면 아이는 자신의 욕구를 포기하지만 기분에 따라 상황에 대한 반응이 달라지면 아이는 욕구를 포기하지 않고 이를 채우기 위한 행동떼쓰기, 소리 지르기, 울기 등을 한다. 따라서 밥을 먹기 전에는 간식을 먹지 못한다는 규칙이 자리를 잡으려면 엄마는 항상 똑같은 메시지를 주어야 한다. 또한 밥 먹은 후에는 엄마가 반드시 간식을 허락해준다는 확신이 있어야 한다. 이렇게 외부의 통제가 일관되면 아이는 욕구를 통제하게 된다.

그런데도 일관적으로 안 되는 것이 있다. 바로 엄마의 감정이다. 부모도 때로는 이랬다저랬다할 수 있고, 감정에 따라 아이를 다르게 대하기도 한다. 또한 상황에 따라 허용 범위가 달라진다. 특히 조부모와 함께 있으면 눈치가 보여서 가정에서처럼 훈육하기가 어렵다. 아이가 여럿이면 아이마다 훈육은 다르게 적용될 수 있다.

엄마도 육아를 하다 보면 감정적으로 아이를 대할 때가 있다. 그러면 자신을 자책하고 만다. 하지만 자책보다는 자신의 감정을 알아주고 다독여야 아이를 감정적으로 대하지 않을 수 있다. 자신의 감정과 생각을 인식하고 파악하는 것만으로도 아이를 대하는 태도가 바뀔 수 있으니, 엄마이기 이전에 개인으로서의 나는 잘 살고 있는지 들여다봐야 한다.

솔직한 엄마가
나쁜 엄마는 아니다

아이가 주는 자극에 엄마가 일관되게 반응하기가 어려운 이유가 또 하나 있다면 진짜 감정을 드러내는 것이 수치스럽다고 생각하기 때문이다. 심리학 용어로 '가짜 감정'이라는 말이 있는데, 진짜 감정을 드러내는 것이 수치스럽거나 불안해서 가짜로 감정을 꾸미는 것을 뜻한다. 이는 감정이 사라지는 게 아니라 감정을 숨기는 것이어서 진짜 감정은 언젠가 스멀스멀 드러나기 마련이다.

4살, 6살짜리 두 아이를 둔 나리 씨는 친절하고 좋은 엄마가 되기 위해 노력하는 요즘 부모다. 하지만 최근 들어 말을 잘 듣지 않는 아이들에게 버럭 소리를 지르며 이성을 잃는 일이 자주 일어난다. 나리 씨가 화내는 상황은 대부분 아이들이 엄마의 요구를 들어주지 않거나 따르지 않을 때였다. 그럴 때마다 엄마가 느끼는 진짜 감정은 무엇일까? 엄마는 아이들을 통제하지 못하는 상황에서 불안함을 느낀다. 아이들이 엄마의 지시를 잘 따르고 고분고분한 날은 모든 일이 잘 돌아가는 것처럼 느낀다.

엄마가 주로 느끼는 감정은 분노와 짜증인데, 대개 불안이나 좌절로 시작된다. 통제를 벗어난 아이에게 권위를 도전받으면 우울하고 불안해지고 설명할 수 없는 분노에 휩싸인다. 특히 아이의 요구를 잘 들어주는 엄마는 아이도 자신의 요구를 잘 들어주기를 바란다. 하지만 아이는 그렇지 않아서, 받은 것은 기억하지 못하고 엄마의 요구는 잘도 거절한다. 이럴 때 엄마는 분노를 느낀다. 엄마는 그런 아이의 행동을 넘어가주기도 하지만, 화가 나기도 한다. 화를 내면 아이에게 미안해지고, 자신의 감정을 받아내는 아이가 상처를 입을까 봐 후회와 걱정이 밀려온다.

결국 화를 내느냐 마느냐는 엄마의 통제력에 달려 있다. 이때 통제력을 잃고 아이에게 화를 내면 다시 죄책감과 수치심이 몰려온다. 따라서 "다시는 헐크처럼 변하지 않을 거야"라고 다짐하지만 이런 문제는 반복해서 일어난다. 그래서 엄마는 자신의 감정을 숨기고는 단호하고 침착하게 화내는 게 아니라고 말하지만, 아이가 보기에 엄마는 분명 화가 나 있다.

그 순간 아이는 헷갈린다. 이는 엄마가 절대 전달하면 안 되는 이중 메시지다. 이중 메시지를 받으면 아이는 엄마를 믿지 못한다. 더 나아가 사람들의 말도 믿지 못한다. 상대방의 의도를 파악해야 하니 눈치를 봐야 하고, 모호한 메시지를 잘못 해석하는 일이 일어난다. 엄마와의 관계에서 이런 패턴이 지속되면 아이는 사회적 상황에서 일어나는 모호한 자극을 잘못 해석하곤 한다.

웬만하면 친구에게 부탁하지 않는 지유가 어느 날 친구에게 지우개를 빌려달라고 말했다. 그런데 친구가 거절했다. 그러자 지유는 당황했고, 친구가 자신을 싫어한다고 확대해석했다. 이런 문제는 사람들이 주는 메시지를 해석할 때 필요 없는 단서까지도 생각하기 때문에 생긴다. 불필요한 것까지 해석하려 들고 초점을 맞추기 때문에 인지적 노력을 요구하는 학습에도 영향을 미친다. 눈치를 많이 보는 아이가 상황 판단을 잘한다고 생각하면 안 된다. 눈치를 보는 이유는 사람들이 주는 메시지를 해석하지 못하고 상황을 이해하는 능력이 떨어지기 때문이다. 사회적 관계에는 예민하면서도 상황적 맥락을 잘 파악하지 못하는 아이는 사회적 실패감을 많이 느낀다. 이로 인해 느끼는 우울, 불안의 정서가 학업에 영향을 미치는 것은 분명하다.

4학년 다정이는 무리 지어 가는 친구들과 달리 혼자 있는 자신을 보며 자신이 잘못해서 친구들이 화가 났다고 생각했다. 말없이 혼자 책상에 앉아 있는 다정이에게 친구들이 다가와 무슨 일이 있냐고 묻자, 다정이는 친구들에게 서운하고 화가 났지만 괜찮다고 말하면서 자신의 감정을 숨긴다. 부정적인 감정을 드러내면 상대방이 돌아설까 봐 두렵기 때문이다. 하지만 서운하고 모호한 감정은 사라지지 않고 다정이의 마음에 남아 있다.

아이가 사회적으로 이런 태도를 보이는 것이 엄마의 육아 때문이라고는 할 수 없다. 하지만 예민하고 다른 사람의 생각을 중요하게 여기는 아이라면 엄마의 가짜 감정에 영향을 더 많이 받을 가능성이 있다. 친구의 표정만 보고 친구가 자신을 싫어한다고 생각할 때 부모가 그렇지 않다고 알려주더라도 아이는 엄마의 생각이 틀렸다고 생각할 수 있다. 이미 사람을 보는 틀이 삐딱하게 굳어졌다면 더 그렇다.

따라서 아이에게 조언하기 전에 엄마부터 감정을 솔직하게 표현하는 것이 좋다. 어린 아이를 키우는 엄마는 아이와 감정 소모를 하기가 쉽다. 아이 스스로 할 수 있는 것이 제한적인 데다 아이의 뒤치다꺼리는 모두 엄마 몫이기 때문에 엄마는 진이 빠지고 불안감이 밀려오면 일관되게 육아하기가 힘들어진다. 그러면 쉽게 짜증이 나거나 분노가 솟구치기도 하고, 부질없게 느껴지다가도 갑자기 열성적으로 육아에 전념하는 식이다. 이런 번아웃 상태를 엄마는 자주 경험한다.

번아웃 상태가 느껴지면 화가 난 자신을 숨기지 말고, 잠시 멈춰서 자신을 들여다보아야 한다. 오히려 자신이 화가 났다는 것을 아이에게 알려주도록 한다. "엄마는 지금 매우 당황스럽고 화가 나. 그러니까 시간이 필요해. 기다려줄 수 있지?"라고 말하고 아이와 거리를 두는 것이다. 괜찮다며 가짜 감정을 보여주는 것보다 이렇게 엄마가 진짜 감정을 표현하고 설명하는 것이 낫다. 그러면 아이도 진짜 감정을 엄마에게 보여주게 된다. 이를 모델링 효과라고 한다.

그리고 엄마의 부정적인 감정도 시간이 지나면 해결된다는 사실을 깨닫게 되면 자신의 부정적인 감정뿐 아니라 타인의 부정적인 감정까지 버텨낼 수 있다. 진짜 감정을 경험한 아이는 남의 감정을 모호하게 해석하지 않으며, 다른 사람의 부정적인 감정에 압도되지 않고 문제를 해결할 수 있다.

아이의 반항에는
이유가 있다

좋은 엄마가 되길 바라는 엄마는 아이의 행동을 통제할 수 없는 경우가 늘어갈수록 좌절감을 느낀다. 5학년 다온이 엄마는 요즘 들어 다온이가 반항적인 태도를 보이면 좌절감을 느끼고, 아이를 잘못 키운 것은 아닌지 불안하기만 하다. 다온이는 엄마가 무슨 말만 해도 싸울 기세로 덤벼들고, 학원에 가지 않겠다고 버틴다. 난감한 마음에 엄마가 학원에는 가야 한다고 말하면, 다온이는 이런저런 이유를 대면서 엄마 때문에 망했다고 얘기한다. 자신의 인생을 책임지라는 원망도 듣는다. 이럴 때는 네 맘대로 하라며 내팽개치고 싶지만, 그럴수록 엄마의 권위는 땅에 떨어지고 아이는 더 멋대로 굴 테니 이러지도 저러지도 못한다.

요즘 들어 다온이는 엄마가 원하는 것은 무조건 하지 않겠다고 버틴다. 그리고 부모와의 약속을 어기고 잔머리를 굴리며 반항한다. 엄마가 약속했다거나 해야 하는 일이라고 말하면 이런저런 말로 엄마를 괴롭힌다. 어릴 때는 엄마 말을 잘 따르는 순한 아이였는데, 예전의 모습은 찾아볼 수 없다.

다온이는 아직 사춘기가 아니지만, 자아 정체성을 찾는 시작점에 서 있다. 그리고 멋대로 살고 싶은 욕구와 엄마의 요구 사이에서 갈등하고 있다. 그러나 학원 스케줄이나 약속을 지키지 않고 멋대로 살고 싶은 것이 아니다. 다만 엄마의 뜻대로 하고 싶지 않은 것뿐이다. 이는 엄마로부터 벗어나고 싶은 욕구의 표현이기는 하지만, 이를 사춘기에는 으레 그러려니 하면서 방법이 없다고 손을 놓아선 안 된다.

사춘기 아이는 부모를 떠날 준비를 한다. 그러면서 스스로 결정하고 살아갈 수 있을지 불안해진다. 따라서 감정이 계속 오르락내리락, 뒤범벅되어 누구보다 힘든 시기를 겪기 마련이다. 한편 다온이의 반항으로 엄마는 좌절했고, 아이를 잘못 키웠다며 자책한다. 엄마는 아이를 키우며 잘못했던 일을 떠올리며 스스로를 괴롭히고 비난하게 되고, 부정적인 생각은 무력감과 무가치함으로 연결된다.

그렇다면 아이가 순종적이라면 육아에 성공한 것일까? 6학년

주영이는 어릴 적부터 엄마의 말을 잘 따르는 착한 아이였다. 주영이 엄마는 어떻게 아이를 이렇게나 잘 키웠냐며 칭찬을 듣곤 한다. 하지만 주영이는 부모에게 매우 의존적이라서, 부모의 의견을 자신의 의견인 양 따르며 돌발적으로 행동하는 것을 두려워한다. 그러다 보니 또래 관계에서도 의존적이고 나약하다. 주영이는 엄마의 말대로 좋은 게 좋은 거라고 생각하고, 일방적으로 양보하고 타협해버리곤 한다. 엄마는 "친구한테 화가 나도 참아. 손해 보는 것도 괜찮아. 좋은 것도 다른 사람에게 양보할 줄 알아야 해"라고 말했고, 주영이는 그 말을 잘 따랐다.

최근에 주영이도 사춘기가 시작되자 부당함을 느끼곤 한다. "왜 나만 양보해야 하지?"라는 생각에 화가 나는 것이다. 항상 착한 아이라는 이야기를 들었고 착해야 사람들에게 인정받을 텐데, 갑자기 그런 자신이 불편하게 느껴졌다. 주영이는 심리적으로 우울하고 무기력함까지 느끼게 되었다. 그래서 울거나 혼자 있는 시간이 늘었다. 주영이 엄마는 착하기만 했던 아이가 갑자기 말이 없어지고 우울해지자 걱정스럽다.

주영이도 사춘기를 겪으며 독립적으로 변해야 하는데, 착한 자신을 버리기가 어렵다. 예전에 타인과 쉽게 타협하거나 굴복했던 일까지 떠올라 엄마에게 화가 나기도 한다. 그런데 화도 내지 못하고 그런 자신을 또 다독이며 누르려고 하니, 혼란스러울 뿐이다.

사춘기 아이를 둔 부모는 아이의 반항을 버틸 준비를 단단히 해야 한다. 사춘기가 되면 아이는 심리적, 신체적 변화와 더불어 사회적 기대의 변화 등 혼란과 어려움을 겪는다. 사춘기 자녀가 반항하는 것은 성장을 위한 과정이므로, 아이가 반항한다고 해서 억지로 꺾으려 해서는 안 된다. 이 시기의 아이는 예전처럼 보상이나 처벌에 휘둘리거나 말을 듣지 않는다.

아이의 반항을 예의 없다고 여기고 굴복시키려는 부모가 많은데, 청소년기의 적개심과 반항심은 성장 단계에서 피할 수 없는 일이다. 엄마가 아무리 애를 써도 사춘기 시기에는 아이가 지닌 본래의 성향이 드러난다. 사춘기는 자신만의 성향을 찾는 시기이기 때문이다.

물론 주영이처럼 착한 아이 콤플렉스에 사로잡힌 아이는 자신을 숨긴다. 감정이 없는 게 아니라 있는데 없는 척하는 것이므로, 주영이처럼 표현해야 할 감정을 없는 척하는 아이는 속앓이를 한다. 그래서 착한 아이는 마음의 병이 들기가 쉽다. 내가 상담하는 아이 중에는 이런 병이 신체화되어, 내과적으로는 아무 문제가 없어도 두통과 복통에 시달리는 경우가 있다. 이런 아이들은 큰 스트레스를 견디고 있다. 자신의 생각은 없고 다른 사람의 시선에 따라 자신을 평가하는 아이들도 그렇다. 부정적인 감정을 표현하지 않고 스트레스 상황을 회피하는 아이는 '착한 아이 콤플렉스'에 사로잡히지 않고 진짜 감정과 대면하도록 해야 한다.

아이가 반항하는 데는 이유가 있다. 욕구 불만일 수도 있고, 낮은 자존감으로 인해 무기력한 상태일 수도 있다. 사춘기에 아이는 아이와 어른의 경계에서 혼란을 겪는다. 그래서 이 시기의 반항은 다르게 접근할 필요가 있다. 버릇없는 태도에만 집중하기보다는 아이가 무엇을 힘들어하는지 들여다보아야 한다는 말이다.

사춘기 아이는 의존 욕구와 반항 욕구가 공존한다. 이런 아이는 의존하고 싶은 욕구와 더 이상 부모가 원하는 대로 하지 않겠다는 신념이 섞여 있다. 두 자아 사이에서 아이는 혼란을 경험하고 이런 혼란감이 정서에 반영된다. 그리고 정체성을 찾기 위해 나름의 생각과 논리성으로 대항하려 한다.

아이가 세상에 처음 태어났을 때 부모가 가장 안전한 세상이었듯, 사춘기 시기에도 부모가 가장 안전하기에 반항적인 태도를 보이는 것이다. 그런데 이를 버릇없음과 도전으로만 받아들이면 부모-아이 관계를 해칠 뿐이다. 물론 이 시기를 잘 버티기 위해서는 인식의 전환이 필요하다. 아이의 갑작스러운 변화는 심리적인 갈등 때문임을 인식하고, 아이의 존재 자체를 부정해서는 안 된다. 아이는 처음 나에게 왔던 그대로이며, 이 시기 또한 지나갈 것이다. 이 시기를 되돌아보았을 때 후회가 남지 않으려면 가족 모두가 노력해야 한다. 아이는 부모의 노력을 나중에 기억한다. 그래서 자신을 믿어주고 늘 그 자리에 있어주는 부모의 기대에 부응하려 애쓰는 시기가 찾아온다.

그러므로 아이의 반항이 육아의 결과라고 생각하면 안 된다. 오히려 자율성을 보장해주고 아이의 의견을 존중해주면 아이는 자신을 찾기 위해 적극적으로 노력한다. 그래서 건강한 아이들은 사춘기에 반항적인 태도를 보인다. 이 시기에 저항하거나 반항하지 않으면 사춘기 이후에 더 큰 심리적 고통을 겪기 쉽다. 따라서 아이가 반항한다고 해서 나쁜 부모라거나 부모로서 실패했다고 생각하는 것은 잘못된 생각이다.

물론 반항과 적개심에도 정도가 있다. 부모-아이 관계가 건전하다면, 아이는 부모의 믿음이 흔들리지 않을 만큼 자신을 통제하며 자신의 뜻을 내세우고 주장한다. 그래서 이 시기에 부모는 아이들이 돌아올 공간을 항상 마련해두어야 한다. 가정은 그런 공간이어야 한다.

아이는 끝까지 싸워주는
부모를 좋아한다

아이의 버릇없는 행동은 내버려두지 말고 논리적으로 싸워야 한다. 5학년 민철이는 최근 이기적이고 자신이 원하는 대로만 하려 들면서 부모와 자주 마찰을 빚는다. 전문가는 부모가 아이의 반항적인 행동에 맞서기보다 넘어가주는 것도 필요하다고 조언했다. 그러나 어떤 상황에서는 회피하지 말고 논리적으로 질문하고 대답하라고 했다. 겉으로 보기에는 말싸움 같겠지만, 사실 논리적으로 싸우는 것은 부모가 아이와 함께하고 있다는 표시이자 아이들을 외롭지 않게 하는 방법이다.

그러던 어느 날, 민철이는 엄마가 자신의 요구를 거절하자 화가 나서 방으로 들어가며 문을 걸어찼다. 엄마는 버릇없는 행동을 꾸짖고 싶었지만 전문가의 조언대로 그냥 넘어갔다. 시간이 지나고 엄마는 민철이를 불러서 아이의 반항적인 태도에 대해 느낀 감정을 이야기했다. "민철아, 아까 엄마 말에 화가 난 거야? 왜 그렇게 문을 걸어찼어? 엄마는 놀랐거든."

화가 난 아이와 얼굴을 맞대고 대화를 나누는 것은 어려운 일이다. 엄마는 아이를 무섭게 혼내서 사과를 받아내고 싶었지만, 아이의 인격을 무시하거나 함부로 대하지 않으려 화를 삼키고 대화를 시도했다. 그리고 민철이는 이성적이면서도 따뜻하게 대해주는 부모에게 안정감을 느꼈다. 자신의 그릇된 행동을 가지고 못된 녀석이라고 몰아붙이지 않고 논리적으로 설명하고 반응해주는 부모를 보며 이해받는 느낌과 소속감을 느꼈다. 아이는 자신의 행동을 회피하기보다는 오히려 반응하고 싸워줄 대상이 필요했던 것이다.

아이의 반항을 어떻게 다룰까 하는 문제는 청소년 시기뿐만 아니라 더 어린 시기부터 염두에 두어야 하는 것이다. 아이가 떼를 쓰고 화를 낸다고 해서 엄마가 똑같이 화를 내거나 공포로 아이를 압도하는 방법은 옳지 않다. 게다가 아이가 커서 사춘기가 되었다고 갑자기 논리적으로 대화할 수도 없다. 따라서 어린 시기부터 논리적으로 대화하는 연습이 필요하다. 아이가 감정적일 때는 내버려두었다가, 시간이 지나면 그 과정에서 엄마가 느낀 감정을 알려주고 아이의 감정을 물어보도록 한다.

성향에 따라 감성적인 아이가 있고 이성적인 아이가 있는데, 감성적인 아이와 달리 이성적인 아이는 논리적인 대화를 좋아한다. 엄마가 보기에는 따지기 좋아하고 대든다고 생각할 수 있지만, 아이는 자신의 논리성을 엄마와 연습하는 것이다. 그런데 감정적인 부모는 이렇게 따져 묻는 아이의 태도에 지고 만다. 감정적인 부모는 아이가 자신의 감정을 알아주고 자신의 뜻에 따라 고분고분해지기를 원하지만, 아이는 감정적인 엄마를 우습게 여기고 나협하지 않는다. 그러면 엄마는 대화를 중단하거나 화를 낸다.

민철이와 같은 아이는 이해할 수 없는 것에 의의를 제기하는 것뿐이다. 그런데 부모가 버릇없고 반항적인 아이라고 치부하고 무시하면, 아이로서는 오히려 황당하고 부모에게 거부당했다고 느낀다. 회피하고 대화를 거부하는 부모보다는 언쟁하더라도 논리적으로 싸우는 부모가 아이에게는 도움이 된다.

적당한 성취 압력은
아이를 성장시킨다

나이가 어린 아이의 부모는 성취 압력을 주는 것이 나쁘다고 생각하는 경향이 있다. 더 나아가 공부가 중요하지 않다고 생각하는 부모도 많다. 그런데 아이는 공부를 잘하고 싶어 한다. 요즘 아이들은 부모 세대보다 일찍 사회생활을 시작한다. 그러다 보니 어린 나이부터 또래 친구를 비교 대상으로 삼고, 교사의 칭찬에 민감하게 반응한다. 교실에서는 자신보다 예쁘고 멋진 친구, 그림을 잘 그리는 친구, 운동을 잘하는 친구, 인기가 많은 친구 등 많은 비교 대상을 만난다.

꼼꼼하고 매사에 잘하고 싶어 하는 나라는 유치원 선생님이 자동차를 그리라고 했는데 생각처럼 그림이 그려지지 않자 울어버렸다. 선생님은 나라 엄마에게 이 사실을 알렸고, 나라 엄마는 고민이 되었다. 그래서 나라를 돕기 위해 자동차 도안을 검색했다. 엄마는 나라가 하원 버스에서 내리자 속상한 마음을 위로하고, 자동차 도안을 내밀며 같이 그려보자고 격려한다. 어른들은 아이에게 "괜찮아! 노력했으면 된 거야"라는 말을 쉽게 던지지만, 이런 말은 아이의 감정을 무시하는 것일 수도 있다. 오히려 실망했을 아이의 감정에 공감하며 도와주겠다고 하는 것이 제대로 소통하는 방법이다.

공부도 마찬가지다. 나라와 같이 어리면 자신이 못하는 부분에 쉽게 좌절하지 않고 도전하는 용기를 가져야 한다. 연습하고 노력하는 과정에서 실력이 늘고 잘할 수 있는 경험을 할 필요가 있는데, 이 과정에서 부모의 역할이 중요하다. 부모의 기대와 성취 압력이 없다면 아이는 공부를 잘할 수 없기 때문이다.

성취 압력은 부모가 아이에게 사회적 성공을 요구하는 정도를 의미한다. 적당한 성취 압력은 아이의 지적 발달에 긍정적인 영향을 미친다. 그러나 아이가 성장할수록 점차 줄여가는 것이 바람직하다. 인지 능력이 뛰어난 아이라면 부모의 압력에 큰 문제 없이 적응하지만, 부모의 성취 압력에 부합할 만큼 인지 능력이 좋지 않은 아이라면 스트레스에 취약하여 쉽게 초조해질 수도 있기 때문에 아이의 수준에 맞게 성취 압력을 주는지 점검해야 한다.

학습 유형이나 성취에 관련하여 강의하면, 어떤 엄마는 아이가 너무 잘하고 싶어 해서 걱정이라고 말한다. 잘하고 싶은 마음이 강한 아이는 원하는 만큼 성적이 나오지 않으면 화를 내기도 하고 울기도 한다. 아이의 반응에 엄마는 "별거 아닌데 왜 화를 내? 다시 하면 되지. 잘하는 것보다 열심히 하는 게 중요해. 열심히 했잖아"라며 아이의 감정을 아무것도 아닌 것처럼 무시하곤 한다. 이렇게 유독 잘하고 싶어 하는 아이들은 "내가 뭘 도와줄까?", "이렇게 하면 다음엔 잘할 수 있어", "함께 해보자"라고 얘기하는 부모를 신뢰한다.

한편 아이들에게 성취 압력을 줘야 할 때가 있다. 아이의 이해력이 학습 난이도를 따라가지 못할 때 아이를 엄하게 혼내고 겁을 주는데, 일부러 그러는 것은 아니지만 이해를 못하는 아이를 보면 답답한 나머지 부모는 화를 내곤 한다.

8살 예지는 이번에 초등학생이 되었는데, 한 학기 앞서 수학을 선행학습했다. 그런데 수 개념이 제대로 형성되지 않은 상태로 문제집만 풀었던 것이 화근이었는지 예지는 다음 단계의 연산을 이해하지 못했다. 부모는 그런 아이가 이해되지 않았고, 예지도 이해를 하지 못하니 불안하고 두려운 마음이 들었다. 예지의 부모는 답답한 마음에 소리를 지르거나 무조건 이해하라고 윽박질렀다. 그럴수록 예지는 계속 틀렸다. 결국 예지의 부모는 생각을 달리했다. 뭔가 문제가 있다고 깨달았다. 그래서 문제집을 다시 골라 예지가 그 과정을 이해할 때까지 반복해서 풀게 했다. 부모가 문제점을 짚어주지 않았다면 학습 결손을 메우지 못한 채 수포자가 될 뻔했다.

아이가 뭔가를 이해해야 할 때 그 단계를 뛰어넘지 못한다고 해서 아이에게 문제가 있는 것이 아니다. 반드시 다른 원인이 있을 것이므로 그 단계를 뛰어넘도록 돕는 것이 부모의 역할이다. 소리치고 다그쳐봤자 아이는 포기할 뿐이다. 아이가 어떤 과목에서 어려움을 겪는다면 "수학 머리가 없네!", "체육은 나 닮아서 꽝이야!"라고 치부할 것이 아니라 잘할 수 있도록 도울 방법을 생각해야 한다. 재능을 타고난 아이들보다 잘할 수 없을지는 모르지만, 아이에게는 부모와 함께 노력하는 순간은 좋은 경험이 된다. 앞으로 아이가 사는 동안에 필요한 것은 높은 수학 점수보다 좌절에 굴복하지 않고 도전하는 힘이다.

최근에 6~7세 아이 중에는 관심이 제한적이고 주의력이 짧아서 산만하게 행동하는 경우가 많다. 그렇다고 스마트폰이나 TV를 많이 보는 것도 아니다. 따라서 외부 상황이 원인이 아니라면 아이들이 산만해지고 관심 있는 분야에만 주의를 기울이는 태도를 바꿔야 한다. 아이의 주의력이 짧다면 다양한 방법을 통해 주의력을 높이도록 한다. 어리다고 생각해서 방치하거나 마냥 기다리면 그 피해는 아이의 몫으로 돌아간다. 아이가 공부를 하기 싫어한다면 공부에 흥미를 가질 수 있는 방법을 찾고, 아이에게 맞는 문제집을 선별해야 한다. 인지 능력에 따라 단순하고 익숙한 과제를 잘하는 아이들이 있고, 낯설고 복잡한 과제를 흥미 있어 하는 아이도 있다. 이렇듯 아이마다 다르기 때문에 아이의 능력에 따라 학습 전략을 짜야 한다.

저학년 시기에 공부를 못하는 것은 문제가 아니다. 오히려 머리는 좋지만 학습 동기가 없는 아이보다는, 공부에는 성과가 없지만 잘하고 싶어 하는 아이가 희망적이다. 낯선 과제를 거부하거나 잘 못할 것 같다고 생각해서 쉽게 포기하는 아이라면 잘할 수 있도록 도와야 한다. 이런 아이는 쉽게 좌절하기 때문에 자꾸 포기하고 중단한다면 끈기를 갖고 끝까지 수행할 수 있도록 격려한다. 오히려 성취 압력을 주지 않으려고 아이를 내버려두면 아이는 아무것도 하지 못하게 될 것이다.

다시 말하지만, 공부를 하는 데는 스스로 목표를 세우게 하는 내적 동기가 중요하다. 공부를 잘하거나 성공하는 사람을 보면 인지 능력이 평균적인 수준인 경우도 많다. 그들은 대개 목표와 동기가 높고 나름의 학습 기술을 가지고 있다. 아이는 하고 싶은 일이 생기면 열심히 한다. 특히 학업이 중요한 중고등학생의 경우, 내적 동기가 없어서 공부하지 않고 무기력한 경우가 많다.

내적 동기는 학습 목표를 세우고 노력하여 성과를 이루게끔 한다. 그렇다면 내적 동기는 어떻게 일으킬 수 있을까?

초등학교 5학년인 은비는 영어 실력이 매우 좋다. 반면 수학은 따로 공부한 적이 없다. 그런데 이번에 대형 학원에서 레벨 시험을 보았는데, 수학 점수가 매우 낮게 나온 것을 보고 충격을 받았다. 은비는 자존감이 높았고, 수학 점수를 높이기 위해 노력하기로 마음먹었다. 이렇듯 내적 동기를 만들기 위해서는 자신에 대한 믿음도 필요하며, 자존감이 높아야 포기하지 않고 최선을 다할 수 있다.

한편 외적인 동기를 내적인 동기로 돌리는 것도 방법이다. 초등학교 5학년인 훈이는 뭐든 배우는 것을 싫어해서 아무것도 하지 않으려 했다. 그런데 엄마의 권유로 검도를 시작했다. 엄마가 뭐든 한 달만 해보자고 아이를 달랬던 것이다. 훈이는 검도를 배우고 한 달이 지나자 좀 더 배우겠다고 말했고, 지금은 3년째 검도를 배우고 있다.

이렇게 엄마는 아이가 아무것도 하고 싶어 하지 않았지만 아이에게 도전해볼 기회를 주었고, 그 과정에서 아이는 내적 동기를 얻었다. 무기력하고 아무것도 하지 않으려는 아이는 낯선 것을 경험하길 주저한다. 새로운 환경에 적응하는 것이 어렵기 때문에 낯선 것이 흥미롭지 않다. 그러니 아이가 하고 싶다고 말할 때까지 기다리기만 하는 것은 오히려 아이의 경험을 방해할 수 있다. 부모는 이런 아이의 성향을 파악하고 도와야 한다. 외적 동기로 시작해도 내적 동기로 바뀔 수 있으니 칭찬과 같은 외적 동기를 통해 행동을 강화시킬 수 있다. 그러다 보면 잘하게 되고 재미있는 일을 찾을 수 있다.

부모의 기대는
아이를 뿌듯하게 한다

부모가 자녀에게 가지는 암묵적인 바람인 기대를 부정적으로
바라보는 경우가 많다. 어릴 때 부모에게서 큰 기대를 받은 경험
이 있는 사람은 그 부담감 때문에 부정적으로 인식하거나, 부모의
높은 기대를 채우지 못해 실패감을 느꼈을 수도 있다. 하지만 부
모가 보내는 적절한 기대는 오히려 아이에게 유익하다. 아이는 부
모가 기대하면 그에 부응하려 노력하고, 부모의 기대를 이루면 이
를 이뤄낸 자신을 훌륭하다고 인식한다. 거울 자아 이론에 의하
면 아이는 거울 속 자신을 보는 것처럼 다른 사람들이 기대한다
고 생각되는 모습을 자아상으로 형성한다. 이렇듯 부모의 기대를
받고 기대에 부응하는 결과를 얻었을 때 아이의 성취감과 자존감

이 올라간다. 그러므로 아이에 대한 기대를 회피하거나 부정적으로 생각하지 않아야 한다.

　무엇보다 적절히 기대해야 탈이 나지 않는다. 부모의 기대치가 얼토당토않게 높으면, 아이는 그에 부합하려고 노력하고도 부모를 실망시키는 형편없는 아이라고 좌절할 수도 있다. 대개 나이가 어린 아이를 둔 부모는 지나친 기대가 아이에게 부담을 주며 좋은 교육 방식이 아니라는 것을 알기에 그런 부모가 되지 않으려고 조심한다. 하지만 아이가 공부할 시기가 되었다고 판단되면 부모는 숨겨둔 기대를 갑자기 드러내기 시작한다. 그러면 아이의 입장에서는 부모의 기대가 버겁게 느껴질 것이다. 이는 아이의 자존감을 낮출 수 있다. 그러므로 아이는 부모의 기대를 받는 존재임을 어린 시기부터 알려줄 필요가 있다.

　얼마 전 한 TV 육아 프로그램에서 6살 윌리엄과 4살 밴틀리가 실내 서핑장에서 체험하는 것을 방송했다. 아빠는 윌리엄과 밴틀리에게 "넌 할 수 있다!"라고 격려해주었고, 아이들은 물살이 무서워서 주저하고 있었다. 물살에 밀려 나가떨어지기도 했지만, 6살 윌리엄과 4살 밴틀리는 결국 해냈다.

　그 장면을 보고 많은 생각이 들었다. 처음에는 아빠의 무모한 기대로 아이에게 좌절감만 주는 것은 아닌가 하는 생각이 들었다. 하지만 윌리엄의 아빠는 아이들에 대한 믿음이 있었고, 아이들은 아빠의 기대에 부응하고 싶었기에 최선을 다했다. 그리고 두 아이들은 자신들을 믿고 격려해준 아빠를 더욱 신뢰하게 되었을 것이다.

아이에게 "엄마는 네가 오늘 연습했으니 어제보다는 잘할 거라고 생각해", "오늘은 엄마를 도와줄 거라고 기대해도 될까?"라고 엄마의 기대를 알려줄 필요가 있다. 부모의 기대를 이룬다면 아이는 자신이 부모의 기대를 충족시켜주는 훌륭한 사람이라고 생각하게 될 것이다. 기대만큼 결과가 좋지 않은 경우에는 아쉽지만 다시 도전해보자고 격려하면 된다.

긍정적인 기대나 관심이 사람에게 좋은 영향을 미치는 것을 피그말리온 효과라고 한다. 1968년에 미국의 초등학교 학생들을 대상으로 피그말리온 효과를 실험했다. 먼저 전체 학생을 대상으로 지능 검사를 실시했다. 결과와 상관없이 무작위로 20퍼센트의 학생을 뽑아, 지능이 우수한 학생이라고 설명하고 담당 교사에게 전달했다. 20퍼센트에 포함된 학생들은 교사의 기대와 격려에 부응하기 위해 노력했다. 다시 지능 검사를 실시하자 그 학생의 점수가 올라 있었다.

초등학교 고학년부터 고등학생 아이들을 대상으로 지능 검사를 하면, 아이들에게 직접 결과를 알려주되 점수는 알려주지 않는다. 대신 잘하는 부분과 부족한 부분에 대해 객관적으로 이야기를 나눈다. 이렇게 하는 이유는 아이들 스스로 강점과 약점이 무엇인지 파악해야 학습에 적극적으로 활용할 수 있기 때문이다. 아이 스스로 자신의 능력을 모니터링하는 것은 중요하다. 수학을 잘하고 영어 실력이 부족하다면, 아이는 스스로 영어 학원을 다닐지, 공부 시간을 더 할애할지 조절한다. 물론 이 과정에서 부모가 함께 의논하고 아이의 의견을 존중해주어야 한다. 아이가 주도하더라도 부모가 항상 그 뒤에서 도와줄 준비가 되어 있다는 것을 상기시켜주기만 해도 아이는 건강하게 자란다.

아빠
페이지

아빠는 모르는
엄마의 속사정

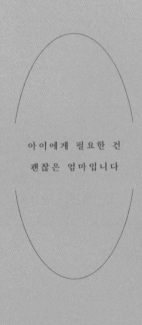

아이에게 필요한 건

괜찮은 엄마입니다

엄마의 자존감은
아빠가 챙겨야 한다

　인정받고 싶거나 사랑받고 싶은 욕구는 어린 시기에만 느끼는 감정이 아니다. 어른이 된 부모도 인정받고 사랑받고 싶은 욕구가 있다. 남편은 직장이나 동료와의 관계에서 인정받으며 그 욕구를 충족하겠지만, 아내는 결혼하고 아이를 키우며 이런 욕구를 채울 곳이 마땅치 않다. 그래서 이런 욕구를 아이에게 투사하기 때문에 아이가 인정받으면 엄마도 인정받았다고 생각하기 쉽다. 물론 모든 엄마가 아이를 통해 자신의 가치감과 존재감을 찾으려는 것은 아니다.

　엄마의 자존감은 육아에도 반영된다. 물론 아빠도 마찬가지다. 자존감이 높은 부모는 아이와의 경계가 분명하여 아이의 일을 자신의 것으로 동일시하지 않는다. 그래서 아이의 실수를 객관적으로 보고 아이를 믿고 기다려준다.

부모가 되면 아내는 아이의 친구 엄마와 친해진다. 그런데 엄마끼리는 잘 맞는데 아이끼리 안 맞거나, 아이끼리는 사이가 좋은데 엄마끼리 안 맞을 때가 있다. 그래서 엄마가 된 아내의 사회생활은 엄마가 되기 이전의 것과는 다르다. 자존감이 높은 엄마는 아이들 간에 문제가 생기면 상황에 압도되지 않고 자신감을 가지고 상황을 잘 판단하여 해결한다. 그렇기에 아이를 감정적으로 대하지 않고 아이가 잘못했다고 해서 몰아세우지 않는다. 반대로 그렇지 않은 엄마는 불필요한 걱정으로 아이를 문제아로 치부할 수도 있다. 아빠는 모르는 일이 엄마와 아이 사이에 너무 많이 일어난다. 자존감이 높았던 엄마도 아이 문제로 실패를 경험하면 자존감이 점점 낮아질 수 있다. 자존감이 높은 사람도 격려나 칭찬은 없이 외부 상황에 계속 도전받으면 흔들리기 마련이다. 자존감은 높아지기도 하지만 낮아지기도 하기 때문이다.

아이는 엄마와 다른 존재이기 때문에 엄마의 생각처럼 되지 않는다. 그래서 엄마와 아이 사이에서 아빠의 역할이 중요하다. 그런데 오히려 아이와 기 싸움에서 번번이 밀리는 아내를 비난하거나 아이를 강압적으로 대한다며 아이 앞에서 아내에게 화를 내는 남편이 있다. 엄마가 단호하지 못해 아이에게 끌려다닌다면 단호하고 엄격한 아빠가 필요하며, 그 몫을 아내가 못하면 남편이 해야 할 것이다. 아내와 남편은 한 팀이므로, 자녀 교육에서 아내가 못하면 남편이 나서야 한다. 게다가 아이와 가장 가까운 엄마를 비난하고 아이의 잘못에 대한 책임을 엄마에게 모두 전가하는 것은 옳지 않다. 오히려 아이 앞에서 엄마를 두둔하고 힘을 실어주어야 한다. 그래야 엄마가 자존감을 지키며 아이를 지도할 수 있다. 좋은 엄마라고 느끼게 하는 것은 아이의 성공이 아니라 남편의 격려다.

40대 초반의 한 여성이 자신은 좋은 엄마가 아니라고 털어놓으며 울기만 했다. 얘기를 들어보니 평범한 엄마들과 다를 게 없어 보였다. 그런데 남편이 쏟아부은 비난을 사실로 받아들이고 있었다. 여성은 싸우는 것을 싫어하는 사람이라 남편의 말을 부정하지 못하고 고스란히 받아들인 것이다. 아이도 말을 잘 안 듣고 통제가 안 되니, 모두 자기 탓이라고 생각한 여성은 사면초가인 상태로 상담실을 찾아왔다.

이는 그 여성이 자존감이 낮아진 탓도 있었지만, 아이의 문제 행동을 엄마의 양육 태도 탓으로 여기는 분위기 탓이다. 그러니 엄마가 빠져나갈 구멍은 남편의 격려뿐이다. 가정의 일을 제일 잘 아는 사람은 육아 전문가도, 사회도 아니며, 남편이 중심을 잡아줘야 한다. 그래야 아이도 잘 자라고, 가정도 밝아진다.

아빠가 처음인 것처럼
엄마도 처음이다

서로 협동하고 존중하며 균형 잡힌 의사소통을 하고 상대방의 욕구를 맞추어주는 협력적인 부모는 아이의 정서적 안정에 도움이 된다. 엄마와 아빠가 아이의 교육과 양육에 대한 책임을 같이 지는 것이 중요하고, 주양육자인 엄마는 남편이 지지해주어야 육아 스트레스를 덜 느끼고 긍정적인 태도를 갖게 된다.

11살 지성이의 부모는 40대 후반으로, 지성이가 무기력하고 친구에게 왕따를 당한 경험이 있는 데다 자주 울고 말을 하지 않아서 상담실에 심리 평가를 의뢰했다. 지성이 엄마는 남편과 사이가 좋지 않다고 털어놓았고, 육아는 거의 아내의 몫이었다. 남편은 지성이의 나약함을 아내의 탓으로 돌렸다. 아내는 육아를 혼자 감당하기가 힘들어 보였다. 하지만 남편은 어디서부터 어디까지 관여해야 할지 모르는 눈치였다. 지성이가 어렸을 때부터 육아는 엄마 몫이었기 때문에 지성이와 아빠는 친밀한 관계를 형성하기가 어려웠고, 어느새 지성이에 대한 문제는 모두 엄마의 몫이었다.

지성이 엄마는 남편에게 서운해도 내색하지 않고 오랫동안 속앓이를 한 듯했다. 그래서인지 엄마는 집안일에 무관심한 남편에게 지성이의 일을 공유하지 않고 아빠의 자리를 내주지 않았다. 그러다 보니 남편은 아빠의 자리는 물론, 남편으로서도 자리를 잃어가는 것 같았다. 중요한 사실은 부부가 부모로서 협력하지 않으면 상처받는 것은 아이라는 점이다. 따라서 부부로서 서로를 의지하고 협력하는 관계가 되어야 좋은 부모가 될 수 있다.

아내는 남편에게 서운하고 속상하다는 이유로 아빠의 자리를 뺏으면 안 된다. 남편이 바빠도 아빠의 역할을 하게끔 해야 한다. 아빠도 처음부터 아빠로 태어난 것이 아니므로, 계속 연습하고 실패하면서 성장해야 한다. 아이를 위해 부부의 협력은 필수이며, 그것이 지혜로운 부모의 모습이다.

남편이 퇴근하고 들어왔는데, 아내가 아이에게 잔소리하는 소리를 들으면 피곤이 밀려올 것이다. 그러나 남편은 퇴근 후 느껴지는 가정의 긴장감에 압도되지 않아야 한다. 오히려 아이와의 사이를 중재해달라는 아내의 신호로 받아들여야 한다. 그러니 아내를 비난하기보다는 위로가 필요하다. 남편은 아내를 독하다고 몰아세울 게 아니라, 무엇을 도울지 물어야 한다.

부모 상담을 하면 바쁜 남편을 대신해서 아내가 육아를 전담하는 경우가 많다. 그런 가정은 아이가 자랄수록 아빠와 아이 사이가 서먹해진다. 아내도 어느 순간부터 남편에게 아이의 일을 공유하지 않게 되고, 남편은 가정에서 소외감을 느낀다.

아이는 즐겁고 힘든 일을 함께해준 부모를 기억한다. 아빠에게 아이에 대해 어떤 것이 걱정인지 물으면 잘 모르겠다거나 문제없이 잘 크고 있다고 답한다. 엄마가 아이 문제로 상담실까지 왔는데 문제가 없다는 말은 뭔가 이상하다. 그러므로 아빠는 아이의 일을 얼마나 알고 있는지 점검할 필요가 있다. 아이가 요즘 무엇을 배우는지, 무엇을 힘들어하고 속상해하는지, 친한 친구 이름은 무엇인지 등, 아이에 관해 알려고 노력해야 한다.

착한 본성은 타고나지만, 좋은 부모는 만들어가는 것이다. 그러므로 좋은 부모가 될 수 있도록 서로 조언하고 협력해야 한다. 연인으로 만나 부모가 되어 살아가면서 서로 믿고 사랑하려면 각자 부모로 성장해야 한다.

남편은 아내와의 관계도 점검해야 한다. 아내가 요즘 어떤 사람들과 시간을 보내는지, 고민이 무엇인지, 자신과 사는 삶이 어떤지 물어봐야 한다. 원만한 결혼을 예측하는 지표는 친화성으로, 친화적인 사람은 공감 능력이 우수하고 사람들과 쉽게 친해진다. 그리고 결혼 생활에 가장 독이 되는 성향은 독단성으로, 남편이 아내의 마음을 잘 살피지 못하면 곤란하다. 남편에게 주말에 자유 시간을 주는 아내는 남편의 사회생활을 존중해줘야 한다는 생각과 서운한 마음이 공존한다는 점을 알고 남편은 그 마음을 헤아리려 노력해야 한다. 아이와 아내는 함께해준 아빠를 기억한다.

아내도 엄마는 처음이다. 어느 때는 자신과 닮은 아이에 대해 알 수 없는 짜증과 분노를 보이며 죄책감에 빠지기도 하고, 자신의 말을 듣지 않는 아이와 싸우며 자존감이 무너지는 날도 있다. 이럴 때 위로하고 격려해줄 사람은 남편밖에 없다. 부모-아이 관계가 중요하듯, 부부 관계도 잘 유지하고 성장시켜야 한다. 서로에게 관심을 가지고 관계를 개선하려 노력하지 않으면 행복한 노년기를 맞이하기는 어려울 것이다.

노력 없이는
행복해질 수 없다

부부는 임신과 출산을 겪으며 사이가 멀어지기도 하지만, 아이가 생기면 부모라는 새로운 관계를 맺어야 한다. 갑자기 부모가 되면 각자의 역할에 충실하려 노력하면서 대개 아내는 육아와 집안일, 남편은 직장에 집중한다. 그러다 보니 서로에게 서운한 감정, 화가 나는 부정적인 감정이 뒤엉켜 점점 거리가 멀어지기도 한다.

아이가 자라서 부모의 품을 떠나면 부부는 아이가 태어나기 이전의 관계로 자연스럽게 돌아갈 수 있을까? 그렇지 않다. 남편이 아내에게 고마움을 느끼려면 집안일과 육아를 나눠서 해봐야 한다. 아내는 집에서 많은 일을 한다. 육아와 가사뿐 아니라 집안의 경조사를 챙기고 온갖 일을 신경 써야 한다. 게다가 유치원,

학원 등 아이의 발달과 관계된 모든 일을 알아봐야 한다. 그렇기에 남편이 함께 집안일을 하면 아내의 노고를 알아주는 것 같아 기분이 좋아질 것이다. 아이를 낳기 전에는 선물을 사주는 남편에게 사랑을 느꼈다면, 아이가 생긴 후에는 자신과 함께 가정일을 분담하는 남편에게 사랑을 느낀다.

어떤 남편은 밖에서 힘들게 일하니 아내가 집안일을 모두 맡는 게 당연하다고 생각하는데, 그런 논리로는 행복한 결혼 생활을 누릴 수 없다. 가정은 아내 혼자 일굴 수 없기 때문이다. 그렇다면 아내와 관계를 회복하기 위해 남편은 어떻게 해야 할까? 우선 퇴근하고 돌아오면 아이와 시간을 갖도록 노력한다. 아내는 남편을 귀찮게 하고 싶은 게 아니라 아이와 아빠가 좋은 관계를 유지하고 발전시키길 바란다. 그래서 아빠가 잠깐이라도 아이들과 이야기를 나누고 시간을 보내는 것을 엄마는 좋아하고 행복해한다.

남편이 상사에게 좋은 피드백을 듣고 힘을 얻듯이 아내는 남편에게 좋은 피드백을 듣고 힘을 얻는다. 하루 종일 집안일을 하고 아이와 시간을 보내면 아내는 남편의 퇴근을 기다리게 된다. 남편이 아내에게 유일한 동지이자 협력자이기 때문이다. 그런데 남편이 오자마자 누워서 꼼짝 않거나 아이에게 짜증을 부린다면, 아내 또한 남편까지 돌봐줄 에너지는 없기 때문에 화가 날 것이다. 화가 난 아내는 남편을 직접 대하기 싫어서 둘 사이에 아이를 끼워놓고, 부부 관계의 공백을 피하려 한다.

한편 아내와 아이의 관계가 밀착되면, 남편은 일에 몰두하는 경향이 강해진다. 남편도 가정에서 소속감을 잃고 외로운 상태를 견디지 못하는 것이다. 아내는 육아로 힘들고 남편은 직장 일로 바쁘다 보니, 자연스럽게 남편과 아내는 사이가 멀어진다. 부부만의 시간을 가지거나 소통을 위한 노력이 없다면 자연스럽게 좋은 관계로 회복될 수 없다.

부부 중심의 가족이 이상적이라고 하지만, 영유아기 부모는 대부분 아이를 중심으로 움직인다. 아이와 한 침대를 사용하고, 아이를 위한 식단을 구성하며, 여행이나 외식 등 대부분 아이 중심으로 생활한다. 하지만 아이가 학교에 가고 사춘기에 접어들면 부부 중심으로 바뀐다. 이때 모든 부부가 다시 원만해지는 것은 아니다. 서로에게 상처가 깊을수록, 육아 동지로 함께한 세월이 부족할수록, 두 사람은 친밀감을 느끼기가 힘들어진다. 따라서 나이 어린 아이가 있는 부부는 이 점을 기억하고, 함께 아이를 돌보고 건강한 가족을 만들기 위해 노력해야 할 것이다.

3
장

괜찮은
엄마면 된다

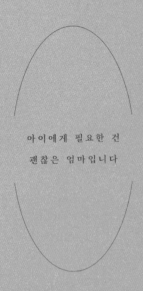

아이에게 필요한 건

괜찮은 엄마입니다

부모-아이 관계가 좋아야
아이는 잘 배운다

대인관계에서 친밀감을 원하는 동시에 적당한 거리를 두고 싶어 하는 모순적인 심리 상태를 고슴도치 딜레마라고 한다. 독일의 철학자 쇼펜하우어가 논문에서 고슴도치와 관련된 우화를 소개했는데, 이것이 다양하게 인용되면서 나온 용어다. 고슴도치는 가까이 갈수록 서로를 아프게 하므로 적당한 거리를 둔 채 가시가 없는 머리를 맞대어 교감하고 체온을 나눈다. 사람들이 상대방과 적당한 거리를 두고 안전하다고 생각하는 범위에서 관계를 맺는 것과 비슷하다. 부모-아이 관계에서도 이런 딜레마가 아이가 성장하는 주기마다 다가온다. 고슴도치가 서로에게 상처를 입히지 않도록 조심하는 방법을 터득하듯, 부모와 아이도 어떻게 관계를 유지할지 시기에 따라 맞춰가야 한다.

부모는 아이와 어떻게 관계를 맺어야 할지 고민하기에 앞서, 어떤 관계 패턴을 가지고 있는지 살펴볼 필요가 있다. 타인과 관계를 맺는 방식은 다음과 같이 다양하다.

성인 애착 유형

1. 안전형은 관계를 중시하지만, 개인적 자율성은 지키면서 관계를 유지하고, 관계가 일관된다.

2. 거부형^{배척형}은 관계를 그다지 중시하지 않고 관계에서 느끼는 정서가 제한적이다. 독립심과 자립심을 강조하고, 사람에 대한 신뢰가 부족하기 때문이다. 이 유형은 관계에 문제가 발생하면 상대방에게 더 많은 책임을 전가함으로써 자기를 방어한다. 다가오는 사람을 거부하고 사람을 피상적으로만 대하다 보니 주변에 친밀한 사람이 없는 경우가 많아서, 일에 몰입하거나 혼자 있는 시간이 많다.

3. 몰입형^{집착형}은 관계에 지나치게 몰입하며, 자신의 행복은 상대방의 태도에 달려 있다. 상대방을 우상처럼 생각하는 경향이 있다. 이런 사람은 처음에는 거리를 두고 상대를 지켜보다가 안전한 대상이라고 생각하면 다가간다. 또한 다가오는 사람에 대해서 경계심을 갖지만, 믿을 만한 대상

이라고 생각하면 집착한다.

4. 공포형은 친밀한 관계를 회피한다. 관계를 회피하는 이유
는 거절에 대한 두려움, 불안정감, 타인에 대한 불신감 때
문이다.

부모가 되기 이전의 관계 유형은 배우자와 아이에게 영향을
미친다. 아이의 요구에 대한 한계를 분명히 설정하고 지나치게 간
섭하지 않는 부모의 아이는 활발하고 다른 사람들과 잘 어울리
며 자신의 삶에 만족하는 경향이 있다. 적당한 거리를 두다가 믿
음이 생기면 밀착하는 세 번째 유형의 부모는 아이에게 집착하고
지나치게 동일시하곤 한다. 이런 부모는 아이에게 하는 것이 간섭
이라고 생각하지 않고 최선을 다하는 것이며 의미 있는 일이라고
생각한다. 마지막 유형처럼 사람이 다가오는 것을 불편해하고 피
상적으로 관계를 갖는 사람은 아이에게도 그렇게 행동한다. 아이
와는 친밀하고 진실한 관계를 맺어야 한다고 느껴서 변화하고 싶
지만, 어떻게 해야 하는지 방법을 알지 못한다. 관계야말로 경험이
필요하기 때문에 지식이나 정보를 바탕으로 아이에게 다가가려 해
도 쉽지 않다. 아이가 부모를 필요로 하는 상황에서 자신도 모
르게 아이가 다가오면 밀어내지만, 막상 아이가 멀어지려고 하면
불안해서 잡으려 든다. 또한 관계를 맺을 때 수동적인 사람은 다

른 사람의 요구를 거절하지 못한다. 그런데 이런 유형이 아이에게도 적용된다. 아이의 요구도 거절하지 못하거나, 거절한 뒤에도 후회하며 갈팡질팡하는 것을 흔히 볼 수 있다. 이런 부모는 거절하면 아이가 실망할 것이라고 여기고 아이와의 관계가 나빠질 것을 먼저 걱정한다. 따라서 상대방을 실망시키는 일은 하고 싶지 않기에 아이의 요구에 따라 이리저리 흔들린다.

가족 중에서도 특히 아이와의 관계는 조금 더 특별하다. 서로 관계를 유지하며 살아야 하며 쉽게 끊을 수 없고 서로 의지하는 관계라 더욱 복잡하다. 그래서 어떻게 부모-아이 관계를 맺고 유지하는지가 중요하다. 부모는 아이에게 세상에서 처음 만난 유일하고 독특한 존재이기 때문에 좋은 대상이 되어주고 싶다. 그래서 아이와 좋은 관계를 유지하기 위해 노력한다. 아빠는 유아기에는 많이 놀아주고 상호작용을 하면서, 아이와 몸놀이도 하고 아이의 수업에 적극적으로 참여해야 한다. 그리고 학교에 들어가면 학교 행사뿐 아니라 여러 가지 활동을 함께 하면서 유대감을 형성해나가는 것이 좋다.

부모-아이 관계가 긍정적인 가정이라면 아이는 부모의 말을 잘 따른다. 또한 부모도 자신들이 정한 방향대로 따라오게끔 아이를 몰아붙이지 않는다. 그러나 긍정적인 부모-아이 관계를 위해 좋은 대상만 되어주려고 애쓸 필요는 없다. 부모는 아이와 공부도 함께 하고 훈육도 해야 하기 때문에 항상 좋은 대상으로서만 아이를 대하기는 어렵다. 이것이 다른 사람들과의 관계와 다른 점이다.

공부를 가르치고 훈육하는 일로 아이와 관계가 나빠질까 봐 염려하는 부모는 분쟁이 생길 만한 일은 피하려 든다. 한편 아이와 많은 시간을 보내지 못하는 아빠는 좋은 대상이고 싶어서 엄마가 훈육을 담당하기도 하는데, 훈육이나 학습을 지도한다고 해서 부모-아이 관계에 금이 가는 것은 아니다. 오히려 아이는 그런 부모를 존경하고 의지할 만한 대상으로 삼는다. 부모-아이 관계가 좋다면 아이의 잘못된 습관을 바로잡기 위해 훈육해도 관계의 깊이나 질이 바뀌지 않는다. 오히려 아이는 부모가 알려주는 가치와 태도를 배우고 생각과 행동을 바꾸어 스스로 사회적 유능감을 느끼면서 부모를 존경하게 된다. 따라서 부모와 아이는 좋은 시간을 함께 보내는 것뿐 아니라, 어려운 문제를 함께 해결하며 서로 성장하는 관계가 되어야 한다.

좋은 관계도 중요하고 훈육도 중요하지만, 모든 것에는 정도가 있다. 훈육했는데도 아이의 행동에 변화가 없다면, 훈육을 멈추고 좋은 관계를 맺는 시간과 기회를 만들어야 한다. 상담하러 오는 경우, 부모-아이 관계를 위해 부모에게 일주일간 과제를 준다. 일주일 동안은 아이의 잘못된 행동은 그냥 넘기고, 긍정적인 행동은 칭찬과 격려를 해주게 하는 것이다. 그리고 아이에게 공감하고 아이의 감정과 행동을 받아들이게끔 한다. 관계가 좋지 않은 상황에서는 훈육이 잘되지 않으므로, 아이의 문제 행동을 바로잡는 것도 중요하지만, 관계부터 먼저 점검해야 한다.

물을 뜨려고 바가지를 양동이에 넣었는데 물이 없다면, 양동이에는 흠집이 나거나 문제가 생긴다. 부모-아이 관계도 이와 같아서, 애정이나 여유가 없는 상황에서 훈육하면 상처만 남을 뿐이다. 따라서 양동이에 물을 채우듯 부모-아이 관계를 점검하고 회복한 후에 훈육이 이루어져야 한다. 그래야 아이는 자신을 믿고 기대하는 부모의 뜻에 따라 행동하려고 노력할 것이다.

아이의 불안과 좌절은
부모가 안아주고 담아줘야 한다

아이와 좋은 관계를 맺기 위해서는 안아주기holding, 담아주기 containing 전략이 있다.

안아주기 전략은 부모가 아이의 욕구와 내적 상태에 공감하고 알아차려서 적절하게 반응해주는 것으로, 아이가 이해받고 있으며 사랑받는 존재임을 깨닫게 해준다. 아이가 좌절과 불안을 경험했을 때 부모는 조건 없이 아이를 안아줘야 한다. 그래야 아이는 부모에게서 에너지를 충전하고 다시 세상에 나갈 용기를 얻는다. 안아주기에서 가장 중요한 것은 아이의 좌절과 불안을 감당하는 부모의 마음이다. 아이가 울거나 속상한 표정으로 다가오면 한순간에 무너지는 부모가 있는데, 그런 태도는 바꿔야 한다. 부모는 아이가 느끼는 좌절과 불안이 아이를 성장시킬 것이라고 믿어야 한다. 아이의 감정은 부모가 해결해줄 수 있는 것이 아니며, 오롯이 아이의 몫이다.

8살 재민이는 예민해서 낯선 것은 거부하고 시도조차 하지 않으며 일어나지도 않은 일을 불안해한다. 재민이의 부모는 아이를 이해하기 때문에 무슨 일이든 시작하기 전에 미리 알려주고 준비를 시킨다. 최근에 재민이는 태권도를 배우고 싶어서 태권도장에 다니기로 했는데 걱정이 앞선다. 앞으로 일어날 일에 대한 두려움이 아이를 압도해서, 아이는 행동에 옮기기를 주저하고 있다. 재민이처럼 불안감이 높은 아이들은 좌절을 두려워하기 때문에 새로운 상황이나 예기치 못한 상황에 금방 압도된다.

자연스레 겪는 좌절을 부모가 막아줄 수는 없다. 오히려 아이가 좌절을 경험할 때 단단하게 버틸 수 있도록 도와야 한다. 그러려면 두려운 일도 피하지 않고 경험하게 한다. 아이의 기질을 거스르지 않는 것도 좋지만, 자연스럽게 좌절을 경험할 필요도 있기 때문이다. 따라서 용기를 내지 못하고 주저하는 아이를 비난할 것이 아니라 적당한 선에서 경험할 수 있도록 환경을 만들어주어야 한다.

좌절을 경험하는 것도 중요하지만, 아이의 불안도 잘 정리해야 한다. 부모는 아이의 불안을 잘 이해하고 그 불안함과 친해져야 한다. 그러려면 아이가 느끼는 불안의 내용을 파악해야 할 것이다. 아이가 느끼는 불안은 부모에게 영향을 미친다. 불안해지면 아이는 징징대거나 거부하고, 부모는 아이의 불안을 통제하려고 이것저것 해보지만 소용이 없다. 무엇보다 아이의 불안은 아이의 몫임을 기억해야 한다. 부모가 할 일은 아이가 불안을 견딜 수 있도록 옆에서 버텨주는 것뿐이다. 나머지는 모두 아이의 몫이다.

두 번째로 담아주기 전략은 아이 스스로 견딜 수 없는 경험을 부모가 받아들이고 감당하는 것이다. 예를 들어 자기주장이 강하거나 상처를 잘 받는 아이는 쉽게 분노하거나 울어버린다. 이럴 때 아이는 감정과 행동 모두를 조절하는 능력을 길러야 한다. 부모는 아이가 부정적인 정서를 표출할 때, 아이 스스로 부정적인 감정에서 빠져나와 탈출구를 찾아 벗어날 때까지 아이의 감정을 담아주어야 한다. 부모는 이런 상황에서 지름길을 알려주고 싶어 한다. 혼자 허우적대고 곤경에 빠져 있는 아이를 지켜보기가 힘들기 때문이다. 하지만 그럴 때마다 아이를 도와주면 아이는 혼자 빠져나오는 법을 배우지 못한다. 따라서 엄마는 아이가 부정적인 감정에 휩싸여 있을 때 나쁜 태도를 갖게 될까 봐 염려하기보다는, 아이를 믿고 아이가 스스로 벗어날 때까지 기다려준다.

재희는 감수성이 예민하고 쉽게 상처받는 9살 여자아이로, 친구들에 대한 이런저런 불만을 엄마에게 자주 얘기한다. 재희 엄마는 아이가 친구에 대해 부정적인 생각을 갖고 있는 것이 걱정스럽다. 혹시 친구들의 반응을 과장하여 해석하여 잘 어울리지 못하는 것은 아닌지 염려한다. 엄마는 재희가 친구들과의 문제를 엄마에게 쏟아낼 때마다 "친구들은 그렇게 생각하지 않을 거야. 그냥 네가 그렇게 생각하는 건 아닐까?"라고 묻지만, 재희는 엄마의 말에 크게 화를 내면서 더 이상 엄마의 말을 듣지 않는다.

그러면 엄마는 재희와 소통이 안 된다고 생각하고 대화를 멈추고 만다. 엄마는 아이가 왜 화를 내는지 그 이유를 이해할 수 없다. 아이의 마음을 위로하기 위해서는 어떻게 '담아주기'를 해야 할까? 아이의 부정적인 감정을 받아주고 인정해주되, 부정적인 감정에 대해 맞장구치라는 것은 아니다. 아이가 느끼는 감정을 부정하지 말라는 뜻이다. 그것은 아이의 감정일 뿐이니, 부모가 아이의 감정을 판단해서는 안 된다.

그러기 위해서는 아이의 정서 상태와 말의 의미를 찾는다. 아이가 친구에 대해 부정적인 말을 쏟아내는 배경에는 서운함과 소속감을 느끼고 싶은 의도가 있다. 따라서 부모는 아이의 감정을 인정해주고 서운함을 위로해주면 된다. "친구들이 왜 그랬을까? 엄마라도 화가 났을 것 같아. 재희는 어땠어?"라고 공감해주면, 아이는 감정이 가라앉아 안정된다. 그래야 엄마의 조언이 통할 수 있다.

아이가 부정적인 감정에 휩싸였을 때는 조언을 받아들일 상태인지 파악해야 한다. 부모는 자신이 알고 있는 것을 가르쳐주고 싶겠지만, 상황을 되집어보고 재해석하기 위해서 아이에게는 감정을 정리할 시간이 필요하다. 담아주기를 통해 아이의 마음과 생각에 함께 머물러주어야 아이가 부정적인 마음과 생각에서 벗어나 합리적으로 생각할 수 있다.

시기에 따라
부모의 역할이 달라진다

안전기지로서의 부모, 유아기

아이와 좋은 관계를 맺는 방법도 아이의 나이에 따라 달라진다. 유아기의 부모-아이 관계에서 가장 중요하게 생각해야 하는 키워드는 '안전기지'다. 애착 이론가 존 볼비John Bowlby에 의하면 부모는 자녀에게 안전한 대상이어야 한다. 애착이 형성된 자녀는 세상에 대해 기대하면서 세상을 향해 나아간다. 기어 다니는 아이는 엄마 옆을 떠나지 못하지만, 점차 이동 반경을 넓혀가며 세상을 탐색한다. 엄마가 없으면 울고, 엄마를 다시 만나면 반가워한다. 그리고 엄마에게 안기면 이내 평온함을 되찾는다. 아이는 재충전의 시간을 갖고 다시 세상을 탐색한다.

아이는 세상 밖으로 나가 세상을 탐색하고 배우면서 문제를 해결할 수 있다는 자신감을 키워야 한다. 이때 안전감이 필요하다. 낯선 사람을 만나면 아이들은 무섭고 두려워서 엄마 뒤에 숨거나 울어버린다. 그리고 낯선 사람에게 안기는 것을 거부한다. 하지만 안전한 대상인 엄마가 낯설고 두려운 사람을 호의적으로 대하면 아이도 안전하게 여긴다.

볼비는 부모가 안전기지로서 제 역할을 하기 위해 고려해야 할 요인으로 2가지를 꼽았다. 첫째는 공감하며 민감하게 반응하는 능력이다. 아기가 울음으로 자신의 불편함이나 요구를 표현하면 민감하게 알아차리고 반응해야 한다. 특히 아이가 좌절을 겪을 때 곁에서 버텨주어야 한다. 버텨준다는 것은 아이의 부정적인 정서에 굴복하지 않고 곁에 있어준다는 뜻이다. 문제를 해결해주고 들어주지 않아도 부모가 곁에 있어주면 아이는 부정적인 감정에서 빠져나와 부모와 대화한다. 부모는 아이가 부정적인 감정에서 얼마나 빨리 빠져나올지 기대할 뿐이다.

둘째, 자녀와 유의미한 대화를 나눌 수 있는 능력이다. 부모와 아이 사이에 유의미한 대화가 오가려면 우선 부모는 아이의 생각과 마음을 판단할 것이 아니라 수용하고 받아주어야 한다. 아이의 생각과 마음을 잘 알아차리는 인식 능력이 뛰어난 부모는 아이에게 안전 애착을 심어줄 수 있다. 아이의 마음을 알아차리려면 무엇보다 경청해야 한다. 경청하려면 아이가 하는 말을 따라 해도 좋다. 이를 반영적 경청이라고 한다.

아이: 엄마! 오늘 속상한 일이 있었어.

엄마: 속상한 일이 있었어?

아이: 어, 강이가 내 머리핀 부러뜨렸어.

엄마: 머리핀을 부러뜨렸다고?

아이: 어. 그래서 내가 선생님한테 얘기했는데, 선생님이 일부러 그런 건 아니니까 이해하고 사과를 받아주라고 하셨어.

엄마: 선생님이 강이보고 사과하라고 하셨구나! 그런데 유진이는 기분이 풀리지 않았네. 그치?

아이: 머리핀을 못쓰게 됐으니까.

엄마: 그래서 속상하구나. 엄마라도 그럴 것 같아. 유진이가 좋아하는 핀이었는데. 엄마랑 마트에 가서 똑같은 것을 찾아볼까?

언어적인 요소 못지않게 비언어적인 요소도 중요하다. 그래서 눈높이를 맞추고 하던 일을 멈추고 이야기하는 아이만 바라봐야 한다. 그리고 답을 주려고 하지 말고 아이가 느꼈을 감정과 생각에 집중할 필요가 있다. 아이가 말할 때 고개를 끄덕이기만 해도 아이는 엄마가 잘 듣고 있다고 믿는다. 말하는 사람은 듣는 사람에게 답을 얻기보다는 스스로 얘기하면서 답을 얻을 확률이 높다. 정말 경청을 잘하는 사람은 의미 있는 질문으로 상대방의 생각을 정리하고 명료하게 만들어준다. 명료화하거나 다시금 질문하여 들은 내용을 확인하는 과정은 해결책을 제시하는 것보다 효과적이다. 결국 문제는 아이가 해결해야 하기 때문이다.

아이와 좋은 관계를 유지하기 위한 방법 중에 하나는 놀이다. 유아기 아이가 있는 가정에서는 놀이를 통해 상호작용하는 것이 가장 일반적이다. 부모-아이 관계를 좋게 만드는 놀이 기술이 몇 가지 있다. 첫째, 놀이는 아이가 주도해야 한다. 놀잇감 선택부터 놀이의 시작, 이야기를 만들어가는 것은 아이의 몫이다. 아이의 놀이에 장난감을 추가하고 싶다면 부모는 양해를 구해야 한다. 부모-아이 관계 검사를 위해 놀이 평가를 하는데, 어떤 부모는 놀이를 주도하며 아이의 놀이 세계를 함부로 침범한다. 이런 부모는 자신이 잘 놀아주는 부모라고 착각하지만, 아이는 제대로 놀지 못한다.

놀이 치료에서 아동과 잘 놀기 위해 사용하는 방법이 몇 가지 있다. 아동과 라포를 형성하기 위해 아이의 세계로 들어가기, 행동 트래킹하기, 반영하기다.

아이의 세계로 들어가기 위해서는 아이와 눈높이를 맞추어 놀이에 참여해야 한다. 놀이의 주제와 내용이 무엇인지 관찰하고 아이의 세계를 들여다보기 위해서다. 놀이할 때 행동 트래킹이라는 방법을 사용하면 아이는 부모가 자신과 놀이에 관심을 보이고 있다고 생각한다. 행동 트래킹은 아이의 행동을 추적하고, 비슷한 행동을 따라 하며 공감을 유도하는 것이다. 그런데 로봇처럼 아이의 행동을 따라 하면 오히려 아이가 불편해하거나 자신을 놀린다고 생각할 수 있으니 조심해야 한다. 또한 아이의 감정과 놀이의 내용을 반영하여 읽어준다. 이때 놀잇감을 함부로 명명하거나 아이의 감정을 명명하는 것은 좋지 않다. "이건 기차구나", "여긴 터널도 있네", "사람들이 여기에 서 있어"라며 보이는 대로 현상만 읽어줘야 한다.

아이는 자신을 있는 그대로 봐주고 존중해주면서 함께해주는 부모를 좋아한다. 아이와 놀아주기가 쉽지 않지만 하루 10분씩, 놀이 시간을 정해서 집중적으로 놀아주면 아이는 매우 좋아한다. 부모-아이 관계가 물리적, 정서적으로 가장 밀착된 시기여도 자칫 놓치기 쉬운 부분을 이런 놀이 시간으로 채우는 것은 중요하다. 놀이를 통해 아이의 환상을 들여다보고 공감해주는 주는 과정은 재밌는 놀이를 넘어서서 부모-아이 관계를 윤택하게 만들어준다.

협력하는 부모, 아동기

아이가 초등학교에 입학하면 놀아주는 부모에서 협력하는 부모-아이 관계로 바뀌어야 한다. 초등학교에 입학하고 성인이 될 때까지 아이가 이루어내야 하는 성과 중 하나는 근면성이다. 근면성을 발달시키기 위해 아이는 주어진 과제를 열심히 수행하고, 주의력과 집중력을 길러야 한다. 이런 태도는 타고나는 면도 있지만 길러질 수도 있으므로 부모의 노력이 필요하다.

목표를 세우고 이루기 위해 노력하는 과정은 아이가 살아가는 데 매우 중요한 가치다. 따라서 공부를 잘하는 것이 목표가 아니더라도 아이가 수행에 대한 압력을 받고 스트레스를 견디게 해야 한다. 아이가 공부에 관심이 없다면 부모는 이를 강요할지, 아이의 다른 재능을 찾아줄지 결정해야 한다. 하지만 아이가 저학년이라면 너무 이른 결정이다. 초등학교 저학년의 학습 과정은 인지 발달뿐 아니라 무엇이든 배우고 익히는 전략과 태도를 깨닫는 시기이기 때문이다. 누구나 학습을 대하는 태도가 같지는 않기 때문에 아이가 주도적인 학습을 할 것이라고 기대하기 힘들다. 따라서 부모의 도움이 어느 정도 필요하다.

1학년인 정록이는 학습에 관심이 없고, 한시도 가만히 있지 않고 몸을 움직인다. 이런 아이를 두고 부모는 고심한다. 부모는 공부가 전부는 아닌 듯하여 아이가 잘하는 것을 찾아줘야겠다고 생각한다. 하지만 기초 학습은 중요하므로 기틀은 잡아줘야겠다고 생각하고, 최종적으로 무엇을 할지 결정하는 것은 아이의 몫이라고 생각하고 길을 열어두기로 한다.

그 전에 아이가 끈기, 책임감, 성실함을 갖추는 것을 목표로 아이를 이끌어야겠다고 마음먹었다. 정록이의 부모는 정록이가 한 달간 해야 하는 학습량을 달력에 메모해주었다. 매일 해야 하는 교재와 양이 정해져 있기 때문에 정록이는 스스로 그 과제를 수행하려는 책임감이 생겼다. 부모는 아이의 의견을 존중하지만 아이에게 꼭 필요하다고 생각하는 학습에 대해서는 단호했다. 정록이는 영어 학원을 가지 않겠다고 했지만, 부모는 영어를 잘하면 앞으로 선택할 직업의 종류가 다양해질 것이라고 판단했다. 그래서 영어 학원에 대해서는 타협하지 않았다. 단, 줄넘기나 미술 학원은 아이가 선택하게 했다.

이 경우 부모는 아이의 협력자로서 행동하고 있다. 우선 아이의 미래를 설계하면서 필요하다고 생각하는 학습은 선택지 없이 설득하되, 아이가 즐길 만한 활동에 대해서는 다양한 선택지를 주어 주도권을 주었다. 또한 아이가 힘들어하는 학업에 대해서는 적극적인 태도로 도왔다. 시험 공부를 효율적으로 하는 방법을 알려주었고, 과제를 꼼꼼하게 할 수 있도록 체크해주었다. 아이가 공부를 열심히 하고 좋아하게 될지 확신은 없었지만, 아이가 교사의 지시에 따라 성실히 과제를 수행하고 수업에 열심히 참여하는 것이 대견하기만 했다.

유아기에는 아빠와 몸놀이를 하며 놀지만, 1학년이 된 아이와 노는 데는 한계가 있다. 이때 부모는 아이와 어떻게 관계를 형성해야 할지 고민해야 한다. 아이와 좋은 관계를 맺는 방법은 다양하다. 아이도 성장했으니 아빠는 아이를 대하는 태도가 달라져야 한다. 아빠는 함께 학습하며 관계를 형성할 수도 있다. 함께 학습 계획을 짜고 점검하면서 아이와 대화하고, 아이에게 필요한 책을 골라주는 것도 좋다. 퇴근하고 돌아와 아이를 꼭 안아주고 책은 무엇을 읽었는지, 내용은 어떤지 물어보며 대화를 시작할 수 있다. 학업 계획을 짜고 점검하는 과정, 아이가 어려워하는 부분을 해결해주는 과정을 통해 좋은 아빠에서 믿음직스러운 아빠로 탈바꿈하게 될 것이다. 이제 아이에게는 좋은 아빠, 편안한 아빠보다 권위 있고 믿음직스러운 아빠가 필요할 때다. 아빠는 함께 공부하고 점검하면서 아이에게 든든한 지원자가 되어야 한다.

버텨주는 부모, 사춘기

사춘기 자녀와 관계를 잘 맺기는 어려운 일이다. 사춘기 자녀와 좋은 관계를 맺는 방법은 거리를 유지하면서 늘 그 자리에 있어주는 것이다. 사춘기는 자기 정체성에 혼란이 오면서 스스로 누구인지 알아가는 시기다. 그동안은 사람들과 더불어 살기 위해 세상의 규칙을 순응하며 관습적인 태도를 따르려고 노력했다면, 이제는 개성과 개별화로 다른 사람과의 차이점을 발견하고 나만의 세계를 만들어간다. 그리고 의존의 대상이었던 부모에게 더 이상 의존하지 않으려 한다. 특히 사춘기 아이가 일탈하는 수준이 이전과는 많이 달라서 부모는 당황한다. 그래서 이런 돌발적인 행동을 받아주기가 매우 어렵다. 하지만 사춘기 아이에게는 버텨주기가 꼭 필요하다. 사춘기 자녀의 행동에 잘못 대처하면 자녀들은 부모를 우습게 여기기 때문이다.

14살 정은이는 중학교 1학년으로, 최근 아빠와 관계가 좋지 않아서 힘들어했다. 정은이가 갑자기 반항하기 시작하자 가장 당황한 것은 아빠였다. 아빠는 정은이가 불편해하는데도 자꾸 방에 들어가서 말을 걸어본다. 정은이는 아빠가 노크도 하지 않고 불쑥 방에 들어와 시답지 않은 농담이나 바보 같은 질문을 하는 것이 정말 짜증난다고 말한다. 아빠가 방에 들어오는 이유는 알겠지만, 자신도 모르게 짜증이 나고 싫어진다는 것을 보니 사춘기인 것 같다.

정은이 아빠는 성장하는 정은이를 인정할 수 없다는 듯 예전처럼만 대하려고 한다. 못마땅한 나머지, 아빠의 권위를 내세워 협박을 하기도 한다. 말을 잘 듣지 않자 "너! 자꾸 이렇게 하면 쫓아낼 거야!"라고 협박하지만, 정은이는 그런 협박이 유치하다며 무시한다. 사춘기에 정은이 아빠는 정은이를 의연하게 기다려주고 넘어가주면서 버텨야 한다. 사춘기 시기에 기 싸움을 너무 많이 하거나 상처 주는 말이나 행동을 하면, 사춘기 이후에 부모-아이 관계의 방향이 바뀐다. 관계가 회복되더라도 상처는 남는다. 그래서 아이를 존중하는 마음으로 버텨주고 기다려주어야 한다. 엄마를 안전기지 삼았던 유아기처럼 부모가 잘 버티고 있으면 아이는 반드시 부모의 품으로 돌아올 것이다.

기질에 따라
아이를 대하는 태도가 달라야 한다

관습적이고 예민한 아이

아이는 기질에 따라 세상을 대하는 태도가 다르므로, 부모도 아이의 기질에 따라 아이를 대하는 태도를 달리해야 한다. 관습적이고 예민한 아이는 자신만의 틀이 중요하다. 관습적 성향이 강한 아이는 사회나 부모가 정해준 규칙이나 틀을 고수하려는 경향이 있다. 그런 아이는 예기치 못한 상황에 대한 대처 전략이 없기 때문에 두려운 감정을 느낀다. 따라서 두려움을 없애고 안정감을 느끼기 위해 자신만의 틀을 만든다.

관습적이고 예민한 아이는 사고의 유연함이 떨어지므로 생각보다 고집스럽고 생각을 바꾸지 않는다. 따라서 또래나 어른의 말을 곧이곧대로 믿을 뿐, 경우의 수를 따지지 못한다. 그러다 보니 예상치 못한 일이 발생하면 혼란스러움을 느끼고 사람들을 믿지 못하게 된다. 예민한 성향의 아이는 감수성이 풍부하여 다양한 감정을 섬세하게 느끼면서도 원만한 인간관계를 위해 직접적으로 감정 표현을 하지 못한다. 화가 나거나 불만이 있어도 우회적으로 표현하거나, 감정을 억누르다가 세련되지 못한 방법으로 표현하기도 한다.

따라서 예민한 성향의 아이를 대할 때는 감정을 잘 받아주어야 한다. 아이가 짜증을 부린다면 일상에서 받은 스트레스를 지금 부모에게 풀고 있다고 생각한다. 그리고 대화를 나누어 문제를 해결하려 하기보다는 공감해주어야 좋은 관계를 맺을 수 있다. 이런 아이는 감정이 격양되었을 때보다 시간을 두고 나중에 대화를 시도해야 한다. 아이는 엄마가 조심스럽게 대해주고 허용해준다는 것을 알아차리고 곧 감정을 정리한다. 이런 성향의 아이는 사람과 관계를 맺을 때 다른 사람의 의견을 중시하고 관계에서 상처받지 않으려고 노력하기 때문에 엄마와도 좋은 관계를 유지하기를 원한다. 따라서 아이가 갑자기 화를 내거나 버릇없는 행동을 하더라도 기다려주는 것이 좋다.

7살 경은이는 어릴 때부터 예민하고 자기만의 틀을 만드는 성향이 있다. 엄마의 말에 반항적이지는 않지만, 뭔가 불편하게 여기는 기색은 있다. 하지만 분명하게 표현하지 않고 대부분은 잘 참고 따라준다. 그러다가 쌓인 것이 갑자기 폭발하곤 한다. 친구 관계에서도 갑작스러운 폭발은 일어난다. 물론 친구 앞에서는 감정을 드러내지 않지만, 엄마에게 달려와 갑자기 울음을 터뜨린다. 엄마가 물어도 왜 그런지 설명을 못한다.

경은이는 관습적이고 예민한 아이라 규칙이나 틀처럼 명확한 사회적 기준이 중요하다. 그래야 안정감을 갖는다. 돌발 상황이 생긴다거나 자신이 옳다고 생각하는 규칙을 지키지 않는 친구를 만나면 몹시 불편해진다. 따라서 경은이와 같은 아이는 자신이 옳다고 생각하는 틀을 존중해주고 그것이 지켜지지 않았을 때 오는 불안감도 미리 대비해서 대처해야 한다.

충동적이고 새로운 것이 좋은 아이

세상에 대한 관심이 많고 충동적으로 행동하는 아이의 부모는 아이를 키우면서 크고 작은 좌절을 경험한다. 아이도 자존감을 갖기가 어렵다. 게다가 충동적이고 자극을 추구하는 아이에게 가장 가혹한 대상은 부모일 수도 있음을 기억해야 한다. 아이가 자유분방하다면, 느끼고 생각하는 것을 바로 표현하는 솔직한 아이라고 평가받는다. 그러다 보니 참을성이 없어 보이고, 주의가 산만하며, 감정 조절을 어려워한다. 그래서 사람들과의 관계에서 갈등이 잦을 수밖에 없다. 이런 아이의 부주의함은 엄마와의 관계를 해치는 요소가 된다.

아이도 가정이나 사회에서 충동적이고 돌발적인 성향이 받아들여지지 않아서 좌절감을 느낀다. 따라서 부모는 아이의 좌절감을 미리 살펴서 통제력을 발휘할 수 있도록 한계점과 규칙을 인식시켜 아이의 성향을 다듬어야 한다. 반면 충동적이고 자극 추구형의 아이를 문제아라고 여기고 아이에게 아무것도 하지 말라고 메시지를 보내는 경우도 있다. 그러면 아이는 반항하거나 사회화되지 않고 퇴행한다.

자극 추구적인 성향의 아이는 세상에 대해 거부감이 없고 새로운 것에 관심을 보이기 때문에 그만큼 많은 것을 배운다. 따라서 부모는 허용과 제한을 적절히 사용해야 한다. 오히려 통제의 원리를 배울 수 있도록 많이 경험하게 하고, 그 경험이 안전한 것인지 살펴보고 규칙과 한계를 설정해야 한다. 자극 추구가 높고 충동적인 아이에게는 자기 조절 능력이 필요하기 때문에 아이의 욕구를 무조건 들어주기보다 기다리고 선택하며 책임지게 해야 한다. 또한 아이의 자존감이 무너지지 않도록 기대하고 격려해준다. 그래야 아이가 부모의 기대를 이루기 위해 자신의 행동을 조절한다.

6살 민우는 걷기 시작할 때부터 부주의하고 산만했다. 새로운 것은 일일이 다 만져봐야 하고, 생각보다 행동이 앞서다 보니 넘어지고 다치는 일도 많았다. 훈육을 해도 그때뿐이라서, 훈육은 점점 수위가 올라갔다. 민우는 새로운 것을 좋아하고 겁이 없는 충동적인 성격인데, 이런 아이는 어떻게 멈춰서 생각하게 하느냐가 중요하다. 우선은 정서적으로 안정감을 느끼는지, 주양육자와 애착이 잘 형성되었는지도 살펴봐야 한다.

민우는 어른의 말을 잘 따르지 않는다. 유치원 교사의 말도 마찬가지라서 교실에서 문제아가 되었다. 이런 상태로 내버려두면 시간이 지날수록 민우가 더욱 힘들어질 것이다. 적응하지 못하는 자신에 대해 부정적인 이미지를 갖게 되고, 오히려 존재감을 갖기 위해 계속 문제를 일으킬 가능성도 있다. 아이가 어른의 말을 듣지 않는 것은 아이에게 그만큼 의미 있는 대상이 없다는 뜻이기도 하다.

아이들은 부모나 교사 등 의미 있는 대상의 기대를 만족시키고 싶어 한다. 그것이 관계를 유지하는 방법임을 알기 때문에 상대가 바라는 행동을 하기 위해 맘대로 행동하지 않게 된다. 좋은 교사를 만나 개과천선하는 사례를 보더라도 의미 있는 대상을 만나는 것은 아이의 인생에서 매우 중요한 일이다. 그렇다면 아이의 인생을 바꾸는 대상이 교사가 아닌 부모라면 더욱 좋을 것이다. 만약 아이가 반항적이고 부모의 말을 듣지 않는다면 맞서 싸우려고 하는 대신, 관계를 점검하고 회복하기 위해 노력해야 한다.

자기중심적이고 마음이 여린 아이

수줍음이 많고 사람들과 관계를 맺는 것이 어려운 자기중심적 아이라면 부모는 사회적이지 않은 아이 때문에 걱정하게 된다. 사람들에게 먼저 인사하거나, 친구에게 먼저 다가가거나 양보하지 않는 아이를 자기중심성이 강하고 사회성이 발달하지 않았다고 본다. 이런 성향의 아이는 주변의 눈치를 보지 않고 주도적으로 행동하기 때문에 유아기에는 주양육자를 곤란하게 만들기도 한다. 아이가 또래와의 놀이에서 갈등이나 마찰이 생기면 부모가 훈육을 해야 하는데, 쉽게 수긍하지 않고 사과하지 않겠다고 버티면 엄마는 민망함을 감수해야 한다.

사실 이런 아이는 공감 능력이 떨어져서 상대방의 의도를 잘 파악하지 못한다. 또한 세상에 대한 두려움이 많기 때문에 사회화되는 것이 쉽지 않다. 엄마로서는 가장 힘든 점이다. 뭔가를 가르쳐도 순응적인 태도를 보이지 않고 훈육하면 쉽게 토라지니, 함부로 혼을 낼 수도 없다.

이런 아이와는 어떻게 좋은 관계를 맺을 수 있을까? 자기중심적인 아이는 자신이 직접 경험하고 불편함을 느껴야 바뀌기 때문에 시간이 오래 걸린다. 타인이 원하는 것을 알아차리기가 어렵고,

타인을 위해 자신을 변화시키려는 동기도 낮다. 공감하고 타인을 수용하는 아이는 타인이 원하는 것을 금방 알아차리고 불편함을 감수하지만, 자기중심성이 강한 아이는 타인을 받아들이기 어렵기 때문에 자신에게 부당하고 불편한 부분을 더 크게 느낀다. 자녀가 자기중심성이 강하다면 다양한 사람과 어울리게 하기보다 성향이 맞고 좋아하는 놀이가 같은 또래를 찾는 것이 좋다. 자기중심성이 강하더라도 자기가 좋아하는 대상에게는 배려하고 양보하기 때문에, 사회적 태도가 어떤 결과를 가져오는지 경험할 수 있다.

엄마는 자기중심적인 아이를 나쁜 아이로 몰아붙일 가능성이 높기 때문에 불필요할 정도로 훈육하게 된다. 이로 인해 아이는 자신을 스스로 나쁜 아이라고 생각할 수 있다. 자기중심적인 아이는 세상에서 얘기하는 기준들이 논리적이지 않고 불공평하다고 생각하기 때문에 불만이 많고 분노할 수도 있다. 따라서 자기중심적이고 마음이 여린 아이의 경우 시간을 두고 교정하는 것이 좋다. 이런 아이일수록 존중받는다고 느끼게 해야 한다. 자신의 행동을 인식하게 되면 아이는 생각과 마음을 바꾼다. 그래서 고학년이 되면서 행동이 바뀌는 경우가 많다.

물론 그 기본은 부모-아이 관계에서 존중받아본 경험이 있어야 한다는 것이다. 그래야 변화가 가능하다. 따라서 엄마가 지나치게 예절을 중시하고 도덕적 잣대가 너무 높다면 기대하는 만큼 좋은 아이가 될 수 없다. 그리고 아이는 긍정적인 자기 개념을 갖기 힘들다. 따라서 이런 성향의 아이와 좋은 관계를 맺기 위해서는 아이를 진심으로 이해하고 존중하는 마음으로 대해야 한다.

11살인 태욱이는 8살에 상담하러 왔던 아이로, 동생에게 질투심이 강했고 자기 방에 아무도 들어오지 못하게 하며 아무것도 나누지 않으려 했다. 형이 동생을 잘 돌보기를 바랐던 부모의 기대는 여지없이 무너졌다. 태욱이는 먼저 친구를 때리지는 않지만, 친구가 책상의 선을 넘거나 자신의 물건을 허락 없이 가져가면 화를 내고 때리기도 했다.

태욱이는 세상과 타협할 생각이 전혀 없어 보였다. 하지만 기질적으로 낯선 상황에서 위축되고 불안한 것이 많아서 세상을 배우는 속도가 더딜 뿐이었다. 그래서 사람들을 어떻게 대해야 하는지, 문제 상황에서 어떻게 대처해야 하는지 알지 못해서 어려웠던 것이다. 처음에 엄마는 태욱이에게 예의 없고 배려심 없는 아이라며 비난했다. 부모가 자신을 나쁜 아이로 내몰자 태욱이는 더 심하게 반항하거나 자존심을 세웠다.

부모는 태욱이에게 되는 것과 안 되는 것을 분명히 알려주고 설명했다. 아이와의 기 싸움에서 감정이 상했다고 해서 부모가 아이를 포기하면 안 된다. 아이에게서 변화를 유도하기 위해서는 시간과 노력이 필요하지만, 변화가 이루어지면 잘 유지된다. 11살이 된 태욱이는 여전히 자기중심적이지만, 친구들과 지내는 법, 친구를 배려하면 친구가 좋아한다는 것을 알게 되었다. 태욱이의 변화는 잘못된 행동이나 태도를 비난하는 대신, 논리적으로 설명하고 따뜻하게 대해주었던 부모의 노력 덕분에 가능했다.

반항적이고 고집이 센 아이

반항적이고 고집이 센 아이는 부모를 지치고 힘들게 한다. 속 내를 들여다보면 아이 나름대로 그럴 만한 이유가 있겠지만, 부모는 이유를 알 수 없어서 좌절감의 연속이다. 엄마는 이런 자녀를 대할 때 이런저런 방법을 다 써본다. 당황스러워서 윽박지르거나 매를 들기도 하고, 타이르고 보상을 주기도 한다. 사실 반항적이고 고집이 센 아이는 겁이 많다. 그래서 엄마가 무섭게 대하면 고집부리는 행동을 잠시 멈추지만 반항적이고 고집스러운 태도는 변하지 않는다.

반항적이고 고집스러운 아이를 대할 때는 행동에 따른 이유가 있다고 생각해야 한다. 자기주장이 시작되는 시기에 부모로부터 자신의 행동이 잘못이라는 죄책감을 느꼈을 가능성이 있다. 이 과정에서 무엇이 잘못되었고, 해서는 안 되는 것과 허용되는 행동이 무엇인지 모르고 넘어갔을 가능성도 있다. 그러다 자신의 반항적인 태도에 엄마의 흔들리는 눈빛을 보고 반항적이고 고집스러운 행동이 강화되었을 수도 있다. 또는 자신이 못된 행동을 해야만 엄마가 자신을 봐주기 때문에 관심을 끌기 위해 나쁜 행동을 계속하는 것일 수도 있다.

어릴 적부터 반항적이고 고집이 센 아이는 이런 행동이 문제해결 전략으로 굳어진 것이므로 적극적인 개입이 필요하다. 아이에게 고집을 부리고 반항하는 것 이외에 다른 대처 방안을 알려줘야 한다. 오히려 이런 성향의 아이는 자신을 문제시하고 상대하지 않으려는 어른들에게 상처를 많이 받는다. 이런 아이는 친절하고 자신을 공감해주는 사람에게 마음이 금방 풀린다. 만약 이런 자녀를 둔 부모라면 훈육보다는 관계 개선을 위한 노력이 필요하다.

6살 규준이 엄마는 규준이가 키우기 어려운 아이라며 걱정했다. 규준이는 5살짜리 동생이 있는데, 눈치도 있고 애교도 잘 부려서 규준이와는 너무 다르다고 했다. 6살 규준이는 유치원에서도 문제 행동이 드러났다. 그리고 친구들과 다투어서 선생님이 중재하면 친구 탓을 많이 했다.

규준이는 반항적이고 고집스러워서 사람들과 친밀감을 형성하지 못해 소속감을 느끼지 못한다. 집에서도 유치원에서도 문제아가 되니, 본인도 난감하다. 규준이는 믿을 수 있고 자신에게 기대해주고 믿어주는 대상이 필요하다. 부모는 규준이와 좋은 관계를 맺고 소속감을 느끼게 해주어야 한다. 소속감을 다른 곳에서 찾지 않도록, 부모가 애써서 다시 관계를 쌓아야 한다.

불안감이 높고 통제적인 아이

정해진 원칙과 기준을 잘 따르고 엄격하고 조심성이 많으며 꼼꼼한 성향의 아이는 융통성이 부족하고 경직되어 있다. 꼼꼼한 성향의 아이는 곤란한 일이 있어도 끈기와 인내로 견뎌내는 힘이 있지만 한편으로는 순서나 형식에 매달리다 보니 효율성이 떨어진다. 나무만 보고 숲을 보지 못하므로, 주양육자는 대화를 통해 큰 그림을 그릴 수 있도록 해야 한다.

규칙이 중요한 아이는 세상이 낯설고 두려워서 자기만의 통제 방법이 필요하다. 그래서 자동차 장난감을 일렬로 줄을 세우기도 하고, 물건을 버리지 못하고 어딘가에 모아둔다. 물론 이런 행동과 사고에는 이유가 있을뿐더러 장점도 있다. 반복적인 사고의 패턴은 통제감과 안정감을 주기 때문에 규칙에 따르거나 반복적인 행동을 무작정 못하게 하는 것은 좋지 않다. 부모는 이런 행동을 통해서라도 불안을 해소해야 하는 아이의 심리적 상태에 주목할 필요가 있다.

이런 아이와 좋은 관계를 맺기 위해서는 우선 아이의 성향을 받아들여야 한다. 아이가 현재 스트레스를 받고 있고 그것을 이겨내려고 애쓰는 중임을 깨닫고 친밀한 관계를 늘려야 한다. 함께 이야기를 나누고 스킨십을 하는 과정에서 아이는 안정감을 느낀다. 아이도 무엇이 불안한지 알지 못하기 때문에 이유를 물어도 정확하게 대답하지 못한다. 따라서 놀잇감을 모으거나 반복적인 놀이를 통해 불안을 해소하려는 아이를 이해하고 그런 행동과 사고에 갇히지 않도록 시간을 충분히 주어야 한다.

6살 성호는 자동차만 가지고 논다. 게다가 색깔별로 모아서 자동차들을 울타리 안에 넣고 외부에서 들어오는 어떤 것도 허용하지 않는다. 부모의 양육 태도에 문제가 있다기보다는 기질적으로 불안에 취약한 아이다. 학기 초나 새로운 곳에 적응이 필요한 경우에 그 불안감이 더 높아지지만, 일상에서도 또래 관계나 사회생활로 인한 불안감이 놀이에서 나타난다. 규칙을 중요하게 생각하는 아이는 자신이 예견할 수 없는 돌발적인 상황을 두려워한다. 그래서 규칙을 중요하게 생각하고 그것이 예상한 방향과 다르게 흐르거나 상황이 바뀌는 것을 견디지 못한다.

9살 유미는 엄마에게 하루의 스케줄을 반복해서 강박적으로 물어보는데, 잘못이 아닌데도 엄마는 화를 내고 만다. 유미는 엄마에게 "엄마! 오늘은 학교에서 돌아오면 엄마는 있어? 오늘 뭐 해야지?"라며 하루의 스케줄을 물어보고 갑작스럽게 스케줄을 바꾸면 하지 않겠다고 얘기한다. 유미는 새로운 것에 흥미는 느끼지만, 낯설고 새로운 것에 불안이 있기 때문에 본인도 힘들다.

유미와 같은 아이는 엄마가 먼저 스케줄을 말해주면 좋다. 그리고 일상이 반복적으로 돌아갈 때 안정감을 갖고 잘 적응하기 때문에, 스케줄을 바꾸거나 새로 수업을 시작할 때는 시간과 여유가 필요하다. 안정적인 상태에서 경험치를 늘려가면 할 수 있는 것들이 늘어날 것이다. 유미나 성호와 같은 아이는 기질이 바뀔 여지가 있으므로, 시간을 갖고 변화를 유도하고 격려하면 유연성을 갖게 된다. 억지로 바꾸려고 하기보다는 그 기질 자체를 인정해주면서 안정감 있게 대하면 좋은 관계를 유지할 수 있다.

아빠
페이지

아빠의
육아법

아 이 에 게 필 요 한 건

괜 찮 은 엄 마 입 니 다

아빠와 사이좋은
아이가 성공한다

요즘 아빠는 훈육을 하지 않는다. 아이와 좋은 관계를 유지하고 싶어 하므로 나쁜 역할은 엄마에게 떠넘기고 아빠는 아이와 놀아주기만 한다. 엄마도 아빠와 아이가 좋은 관계를 맺길 원하기 때문에 훈육을 혼자 담당하는 경우가 많다. 놀아줄 시간도 없는 아빠가 혼을 내면 아이와의 관계가 나빠질 것이라고 생각하여 아빠를 좋은 대상으로 이상화하려는 것이다. 이렇게 되면 아빠는 엄마에게 권위를 넘기는 셈이다. 아빠는 아이에게 어떤 대상이 되어야 하는지, 아이를 기르는 데 부모의 권위가 왜 중요한지, 권위를 갖기 위해 필요한 행동은 무엇인지 생각해보아야 한다.

그렇다면 아빠는 아이에게 어떤 대상이어야 할까? 아빠가 갖고 있는 가치나 태도는 고스란히 아이에게 전해지는데, 이를 심리학에서는 내사라고 한다. 내사는 아빠의 가치나 태도가 아이에게 무의식적으로 남는 것이다. 이렇듯 내사된 아빠를 통해 아이는 세상을 살아간다. 이런 가치나 태도는 놀이나 대화를 통해서도 나타나지만, 훈육하는 과정에서 더 많이 전달된다. 아빠는 자녀에게 옳고 그른 것에 대해 알려주고, 옳다고 생각하는 삶의 가치를 심어주는 과정을 통해 아이는 아빠의 가치와 태도를 닮아가게 된다. 따라서 놀아주는 아빠도 필요하지만 아이의 잘못에 개입하는 아빠도 필요하다. 오히려 훈육을 통해 아빠가 권위 있는 대상임을 아는 것이 중요하다. 아빠에게 혼나고 다시 관계를 회복하는 경험이 반복되어야 아이는 아빠에 대해 안정감을 느끼며 좋은 관계를 유지할 수 있다. 아빠와의 경험은 패턴화되어 다른 사람에게도 적용되므로, 새로운 관계를 만들기 위해서는 아빠에게서 배운 명확한 규칙과 가치가 매우 중요해진다. 이를 통해 아이는 사회생활을 잘할 수 있다.

또한 연령에 따라 아빠와 관계를 맺는 방법도 달라진다. 유아기의 아이는 아빠와 몸놀이를 하고 다소 과격하게 논다. 하지만 모든 아이가 그렇게 놀길 원하는 것은 아니다. 7살 재은이는 아빠가 장난을 잘 치고 유치하다고 표현했다. 재은이 아빠는 아이와 잘 놀아주었는데, 재은이는 함께 그림을 그리고 책 읽는 아빠를 원했던 것이다. 그렇다면 아빠는 자신이 원하는 놀이를 아이에게 강요하기보다 아이가 좋아하는 놀이를 함께 해야 한다. 놀이를 할 때는 아이가 주도하고 부모는 보조를 맞추어 따라가는 것으로 충분하기에 부모는 아이가 어떤 놀이를 하는지 관찰하고 탐색해야 한다. 부모가 아이의 놀이에 몰입하는 것은 쉽지 않지만 그만큼 의미가 있다.

가끔 보드게임을 할 때 부모가 이겨야 하는지, 져줘야 하는지 모르겠다는 경우가 많다. 보통 엄마는 져주고 아빠는 이기라고 한다. 아이들은 아빠를 뛰어넘고 싶어 하며, 그로 인해 성장한다. 그래서 아빠는 아홉 번 이기고 한 번은 져주는 것이 좋다. 아이 입장에서는 매일 자신이 이기는 엄마와의 게임보다는 아홉 번 지고 한 번 이기는 아빠와의 게임이 더 재미있다. 그리고 힘들게 아빠를 이겼을 때 아이의 기쁨은 더욱 커진다. 이럴 때 아이는 자신감을 갖고, 이런 과정을 통해 아빠와 아이는 정서적으로 안정감과 유대감을 느낀다.

아이가 성장하여 학령기에 접어들면, 함께 놀아주는 아빠에서 함께 공부하는 아빠로 바뀌어야 한다. 아빠는 아이의 학습에 관심을 갖고, 함께 책을 고르고, 어려운 과목에 대해서는 함께 고민하고 방법을 찾아주는 노력이 필요하다. 아빠는 아이의 학습을 뒷전으로 미루면 안 된다. 아빠와 함께 모험을 즐기고 놀던 시기를 지나 초등학교에 입학하면서 함께 공부하고 고민을 나누는 사이로 발전해야 하기 때문이다.

아빠는 아이가 성인으로 성장하는 데 필요한 근면함과 성실함을 배울 수 있도록 돕고, 언제든 고민을 나눌 수 있는 대상이어야 한다. 아이의 학습 계획에 참여하고, 아이가 다니는 학원의 방식이 아이와 맞는지 점검해야 하며, 입학 설명회에도 참여하여 아이와 대화할 거리를 만들어야 한다.

고등학생인 희연이는 아빠가 자신의 방에 들어와 이런저런 말을 하지만 대화가 안 된다고 말한다. 아빠가 자신에게 관심이 있는 건 알겠지만, 이야깃거리가 너무 제한적이고 아빠 위주라서 대화가 어렵다고 했다. 아빠에게 미안한 마음이 들지만, 귀찮고 반항적인 마음이 동시에 들어 혼란스럽기만 하다. 부모는 희연이가 어릴 때 놓쳐버린 시간이 있었다. 그러다 보니 희연이가 초등학교에 들어간 후로는 아빠는 딸과 어떻게 놀아줘야 할지 몰랐고, 함께할 기회가 없어서 점점 멀어졌던 것이다. 아빠는 딸과 이런 관계가 되기 쉽다. 아무리 친밀했던 관계였어도 딸이 크면서 비밀이 생기고, 아빠와 딸은 서로 불편하게 생각한다. 따라서 신체가 변화하는 사춘기에도 아빠는 딸이 비밀을 만들지 않도록 소통해야 한다.

아빠는 아들을
어떻게 대해야 할까?

아들에게 아빠는 처음부터 경쟁자다. 엄마가 세상의 전부인데 엄마 옆에 아빠가 있다는 사실을 깨달으면 아빠를 이기고 싶어진다. 이를 프로이트는 오이디푸스 콤플렉스라고 불렀다. 그러나 아빠는 아들에게 존경의 대상이기도 하다. 그래서 아빠는 조심해야한다. 아빠의 생각, 말투, 문제 해결 능력까지 지켜보고 있기 때문이다.

그렇다면 아들에게 좋은 모델이 되기 위해 어떤 것이 필요할까? 아들은 성장하면서 엄마와 할 수 있는 일이 점점 줄어들고, 엄마보다 아빠가 편해지고 이야기를 나누기가 쉬운 시기가 온다. 하지만 모든 가정에서 아들과 아빠가 좋은 관계를 맺는 것은 아니다. 그러기 위해서는 아빠가 편견 없이 아들과 소통해야 한다.

꼰대는 자신의 생각이나 의견만이 옳다고 주장하며 남을 설득시키려 하는 사람을 가리키는데, 아빠는 아들에게 꼰대가 되어서는 안 된다. 부모는 아이들에게 권위가 있어야 하지만, 아이들과 소통하기 위해서는 이 부분을 내려놓아야 한다. 세상이 달라졌기 때문에 아이들에게 배울 것이 더 많을 수도 있다. 그러므로 아빠도 아들에게 모르는 것을 물어보고 조언을 구해야 한다.

12살 민혁이 아빠는 민혁이와 좋은 관계를 유지하고 있다. 엄마가 반대한 오락 시간도 늘려주고 엄마 몰래 원하는 것을 들어주면서 좋은 관계를 맺은 것이다. 엄마는 아빠의 선택이 마음에 들지 않기도 하지만 참견하지 않는다. 남편과 민혁이 사이에 일어나는 일이니 존중해주어야 한다고 생각한다. 민혁이 아빠는 비밀도 공유하지만 공부도 함께한다. 민혁이에게 공부 기술도 알려주고, 책을 함께 읽고 이야기를 나눈다. 물론 동생을 괴롭히거나 하면 아빠한테 혼이 나기도 하지만, 민혁이는 아빠를 참 좋아한다.

사실 좀 더 어렸을 때 민혁이는 엄마 껌딱지였다. 낯가림도 심하고 사람을 가리는 편이라 엄마만 좋아해서 어릴 적에는 아빠를 서운하게 했다. 하지만 민혁이 아빠는 민혁이와 좋은 관계를 갖기 위해 노력했다. 그러다 보니 이제는 아빠 껌딱지가 되었다. 민혁이는 좋아하는 식물과 생물을 아빠와 함께 키우면서 친해졌다. 자신이 좋아하는 일을 함께 해주는 아빠가 좋아진 것이다.

아이들과 좋은 관계를 맺으려면 아이가 원하는 것을 함께해주고 의논하는 일부터 시작해야 한다. 민혁이도 사춘기가 시작될 것이고 아빠의 논리에 대항하고 괜히 심통을 부리는 날이 오겠지만, 아버지가 잘 버텨주면 괜찮을 것이다.

무엇보다 아빠는 아들 앞에서 아내를 살뜰히 챙기고 사랑해주어야 한다. 때로는 아들과 아내가 대립할 때 아내의 편이 되어야 한다. 그래야 아들이 부모를 존경하고 여자를 어떻게 대해야 하는지 배운다. 어떤 아빠는 아이와는 사이가 좋은 반면, 아내를 공격하고 비난한다. 아내에게 직접 불만을 얘기하거나 화를 내는 대신, 아이를 중간에 세워두고 아내를 비난하거나 놀리는 식으로 공격하는 것이다. 이렇게 하면 부부싸움이 커지지는 않지만 여러 사람을 힘들게 한다. 아이는 그 순간에도 부모를 보고 기억한다. 부모가 생각 없이 하는 행동이나 말까지도 아이는 기억하며, 부모가 사이좋고 행복하길 바란다. 아이가 부모의 일로 걱정하고 고민하지 않게끔 해야 하는 것이다. 그런데 부부싸움에 아이들을 자꾸 끌어들이는 부모도 있다.

기현이 아빠는 아내가 아들을 대하는 태도가 마음에 들지 않는다. 그래서 기현이 앞에서 아내를 비난하고 무시하는 말을 많이 한다. 예전에 기현이는 자기 편을 들어주고 원하는 것을 할 수 있게 해주는 아빠가 좋았다. 엄마는 잔소리가 많고, 원하는 것을 얻으려면 참고 견디게 했기 때문에 엄마한테 투정도 많이 부렸다. 하지만 기현이가 중학생이 되자 엄마를 위로하고 아빠의 역할을 대신할 때도 있다. 기현은 엄마를 지켜줄 사람은 자신이라고 생각하며, 아빠가 엄마를 지켜줄 것 같지 않다고 여긴다.

이렇게 부모가 자신도 모르게 아이에게 짐을 얹을 때가 있다. 요즘은 형제가 없는 경우가 많아서 부부 사이에 아이를 끌어들여야 아이가 외롭지 않을 거라 생각하는 부모가 많다. 하지만 아이들은 사춘기 이후로 또래 관계가 더욱 중요해진다. 밤이 되고 피곤해지면 집을 떠올리고 안정감을 찾기 위해 들어오는 정도가 된다. 아이들이 성장하면서 집과 부모는 그런 존재면 충분하다. 하지만 집에 있는 부모가 걱정되어 집에 서둘러 돌아온다면 아이에게 부모가 마음에 짐을 주는 셈이다. 따라서 부부 중심의 가족을 만들도록 노력하는 것이 아이를 위하는 길임을 기억해야 한다.

아빠는 딸을
어떻게 대해야 할까?

딸은 아빠를 보며 이성상을 세운다. 아이는 아빠를 통해 삶의 태도, 가치, 지혜를 배우기 때문에, 아빠와 관계가 좋은 딸은 주도적이고 자신감이 넘친다. 다른 사람의 의견에 치우치는 법 없이 소신 있게 행동한다. 딸은 아빠랑 결혼할 거라고 이야기할 만큼 아빠를 좋아하고, 엄마에게 질투를 느낄 만큼 아빠에 대한 믿음과 사랑이 있어야 한다. 하지만 곧 아빠 곁에는 엄마가 있다는 것을 알고 슬퍼하는데, 이 또한 당연한 과정이고 반드시 느껴야 하는 좌절이다.

아빠가 사랑하는 엄마를 바라보면서 여성성을 배우고, 아빠가 사랑하는 엄마를 모델로 삼는다. 딸은 엄마의 모습, 말투, 성품을 닮기 위해 노력한다. 이는 프로이트가 말한 엘렉트라 콤플렉스다. 따뜻한 마음, 스스로를 성장시키고 인내하는 지혜, 다른 사람을 이해하고 공감하는 능력 등 여성으로서 세상을 살아가기에 필요한 양분을 엄마에게서 얻는다.

그런데 딸을 너무 사랑하는 아빠는 엄마에게 딸을 내주지 않기도 한다. 그래서 엄마를 소외시키고 딸이 엄마를 모델로 삼지 못하도록 딸의 나르시시즘을 채워준다. 그러면 딸은 건전한 여성성을 엄마에게서 배우지 못하고, 아빠를 통해 남성성만을 배운다. 그러면 진취적이고 야망이 있는 여성으로 자라는 장점이 있지만, 지나치게 남성들과 경쟁하거나 잘못된 여성성과 남성성을 배운다.

5살 리아의 아빠는 딸을 너무 사랑한다. 딸에게도 아빠는 세상의 전부다. 아빠는 리아와 함께하는 모든 순간이 소중하며, 리아가 행복하다면 뭐든 해주고 싶다. 리아에게 좋은 아빠로만 남고 싶어서 훈육은 아내가 하기로 했다. 그러다 보니 아내가 리아를 훈육할 때 너무 감정적으로 대한다고 여기고 아내에게 불만을 표현한다. 이런 아빠와 딸을 두고 아내는 복잡한 감정에 휩싸인다.

리아는 왕아빠과 공주딸가 숲에서 숨바꼭질을 하며 노는 놀이를 했다. 리아가 만든 이야기는 왕이 숨어버리자 공주는 왕을 찾다가 마법사를 만났는데, 마법사는 공주가 왕과 만나지 못하게 했고 공주는 마법에 걸려서 나무가 되었다는 것이었다.

그다음에 리아는 여자들의 세상을 만들었고, 남자들은 그 세상에 들어오지 못하게 했다. 그곳은 남자들은 들어올 수 없는 세상이라고 하면서, 한동안 여자들의 세상과 남자들의 세상을 구분하며 놀았다. 여자의 세상에서는 식물을 가꾸고 동물들이 번성했다. 이런 것을 보아 여성성과 남성성에 대해 고민하고 있는 것이 분명했다.

리아는 아빠가 제일 좋다고 하면서도 엄마를 의식한다. 리아의 아빠가 아내를 존중해주지 않고 권위를 세워주지 않으면, 리아는 엄마를 계속 무시할 것이다. 자신이 아빠와 같은 위치에 있다고 생각하기 때문이다. 아빠가 엄마를 혼내고 존중하지 않듯이, 리아도 엄마를 그렇게 대할 것이다. 이 상황을 바꿀 사람은 아빠다. 아빠가 딸과 어느 정도 거리를 유지하지 않고 너무 밀착되면 딸이 엄마에게서 여성성을 배우지 못한다. 아빠에게 가장 중요한 사람은 엄마라는 사실을 알려주어야 딸은 아빠와의 관계를 자연스럽게 정리할 수 있다. 그렇다고 멀어지라는 얘기는 아니다. 적어도 아빠의 여자는 딸이 아니라 엄마임을 인식해야 한다는 말이다.

일반적으로 딸은 초등학교에 입학하면서 아빠와 멀어진다. 아빠가 딸과 어떻게 관계를 유지해야 하는지 모르기 때문이다. 아빠는 딸에 대해 궁금하고 조심스러워질수록 중간에 엄마를 개입시키게 된다. 학교에 입학하기 전에는 딸과 함께 놀이도 하고 책도 읽으면서 친밀한 관계를 유지하지만, 초등학생이 되면 딸과 함께할 수 있는 것이 갑자기 사라진다. 아들과는 축구나 자전거 타기 등 놀이를 할 수 있지만, 딸은 다르다. 대개 딸은 언어가 발달하고 세심하며 정적인 것을 좋아하므로, 아빠가 조언할 수 있는 것에 한계가 생긴다.

하지만 아빠는 딸과도 친밀한 관계를 유지할 수 있어야 한다. 그러려면 딸과 함께 할 수 있는 일을 찾는 것이 좋다. 함께 쇼핑을 가거나, 친구에 관한 얘기도 스스럼없이 나누도록 한다. 그러려면 딸의 친구 이름 정도는 알고 있어야 한다. 그리고 여자 친구보다 남자 친구에 대해 조언하는 것도 좋다. 딸이 신체 변화를 겪는 2차 성징이 나타나면, 딸과 아빠 사이에 최초로 비밀이 생긴다. 그러나 딸이 자신의 변화를 비밀로 만들지 않도록 딸의 변화에 대해 객관적으로 이야기를 나누어야 한다. 딸은 이 시기에 아빠를 비난하고 아빠가 갑자기 싫어지기도 하기 때문에 아빠는 이런 딸을 버텨야 한다.

4
장

부모가 아닌
아이 중심으로
생각하라

아이에게 필요한 건
괜찮은 엄마입니다

아이를 훈육할 때
잊지 말아야 할 8가지

훈육이란 사회집단의 규범이나 과업 수행 및 상황이 요구하는 행동을 하도록 훈련시키는 것을 말한다. 자칫 벌을 주거나 소리를 지르고 매를 드는 것으로 오해할 수 있지만, 부모가 도리와 이치를 풀어서 설명하여 아이가 따르게끔 하는 것이다. 따라서 아이의 잘못된 행동을 교정해주기 위해 잘 가르치는 것으로 이해하면 된다.

아이가 잘못을 저지르면 부모는 당황스럽고 혼란스러워서 어떻게 해야 할지 알 수 없다. 그래서 타이르다 잘 안 되면 소리를 지르고 무력을 행사해서 아이가 명령에 따르게끔 한다. 훈육은 육아에서 꼭 필요한 과정이고 아이가 건강한 성인으로 자라는 통로이므로 중요하다. 따라서 어떻게 잘 가르치느냐가 중요하다.

우선 훈육을 바라보는 시각에 대한 패러다임을 바꾸어야 한다. 훈육이 효과적으로 이루어지려면 부모가 일방적으로 지시하는 태도여서는 곤란하다. 다양한 훈육 관련 콘텐츠들 중 자신에게 맞는 것을 골라내는 방식이 훈육의 시작이다. 따라서 부모는 자신의 철학과 아이에게 적합한 방법을 찾아 활용한다. 아이를 훈육할 때 기본적으로 기억해야 할 점은 다음과 같다.

첫째, 아이마다 얼굴이 다르듯 배우는 방식이나 사회적 압력을 받아들이는 정도가 다르다. 죄책감을 쉽게 느끼는 아이는 어른들의 훈육에 압도되어 무엇이 잘못되었는지 파악하는 데 시간이 걸린다. 반대로 어른의 훈육을 대수롭지 않게 여기는 아이도 있다. 즉, 세상이 주는 압력을 다르게 처리한다는 말이다.

둘째, 아이마다 세상을 해석하고 경험을 이해하는 방식이 다르다. 어떤 아이는 세상이 호의적이고 모두 좋은 사람이라고 기대하는 반면, 어떤 아이는 세상은 무섭고 조심해야 하는 경계 대상이라고 여긴다. 이렇게 다른 아이에게 세상에 바로 뛰어들어 최선을 다하라는 메시지를 주었을 때 그 결과도 다를 수밖에 없다. 세상에 나아가는 것을 주저하고 부모의 이야기를 이해하지 못하는 아이가 있다는 뜻이다. 따라서 아이의 기질이나 성격을 잘 이해하고 어떻게 성장시킬지 계획과 목표를 세워야 한다.

셋째, 아이들은 변화의 가능성과 욕구가 있다는 사실을 인식해야 한다. 그렇게 생각하지 않으면 부모는 아이의 반복되는 문제 행동에 좌절한다. 같은 얘기를 100번은 해야 행동의 변화가 시작된다는 말이 있다. 즉, 아이는 서서히 변하고 있는데 부모가 너무 성급해서 그 변화를 알아채지 못하면 아이를 윽박지르고 다그쳐 주눅 들게 할 수 있다. 따라서 변화에 민감해져야 한다.

넷째, 아이들은 회복 탄력성이 있다. 회복 탄력성이란 좌절을 딛고 일어나는 힘인데, 회복 탄력성이 좋은 아이는 실수를 두려워하지 않아서 실수를 하더라도 다시 시도한다. 그러니까 자신의 욕구가 좌절되었을 때 이를 긍정적으로 바라보고 해석하는 아이들이 회복 탄력성이 높다. 부모의 훈육도 아이들의 욕구를 좌절시키는 과정이므로, 부모가 적절한 좌절을 주고 격려하고 지지하면 좌절을 긍정적으로 해석할 수 있다. 따라서 부모의 훈육에 좌절감을 느껴서 풀이 죽거나 원망 섞인 표정을 짓더라도, 부모가 다시 따뜻하게 대해주면 회복하기 마련이다. 오히려 이런 과정이 굳은살을 만들어주어 아이가 세상에 나갈 용기를 주고 시련을 이겨낼 수 있게 한다. 부모에게 혼난 적이 없는 아이는 잘못이나 실수를 지적받으면 받아들이지 못한다. 그리고 상대방이 자신을 싫어한다고 오해하기까지 한다. 따라서 적당한 훈육은 아이의 사회화와 적응을 돕는다.

다섯째, 아이는 상호작용을 통해 변한다. 아이가 스스로 잘못을 인식하거나 통찰하기는 어렵다. 그래서 부모의 역할이 중요한 것이다. 아이의 행동 변화를 위해 부모는 논의하여 가장 좋은 방법을 찾아내야 한다. 이럴 때 가족회의가 도움이 된다. 가족회의는 가족 안에 문제가 있다고 여길 때 누구나 주최할 수 있다. 회의를 통해 안건을 이야기하고 문제를 어떻게 해석하는지 가족 구성원들이 의견을 나누면서 해결책을 찾는 과정은 그 어떤 훈육보다 의미가 있다. 그리고 가족회의 안건의 주인공은 가족의 따뜻함을 느끼고 다양한 의견을 통해 자신의 생각과 행동을 긍정적인 방향으로 이끈다.

여섯째, 자기 개념이 나쁘면 잘못 행동한다. 자기 개념은 거울이 되어주는 대상인 부모에 의해 발달하는 것이다. 부모가 아이를 존중해주고 좋은 사람으로 대하면 아이는 자신이 그런 사람이라고 생각하고 행동한다. 반대로 나쁜 아이로 낙인찍히면 의도적으로 나쁜 아이처럼 행동한다. 따라서 일상뿐 아니라 훈육할 때도 부모는 언어를 잘 사용해야 한다. 게으르다거나 말썽쟁이로 모는 등의 낙인찍는 말, 그럴 줄 알았다는 등의 부모가 생각하는 틀에 맞추는 언어는 아이에게 부정적인 이미지를 심어준다. 이런 말을 듣고 자란 아이는 자존감이 낮을 수밖에 없다.

심리학 용어인 스티그마 stigma 효과는 부모의 낙인찍기가 아이에게 어떤 영향을 미치는지 보여준다. 미국의 사회학자인 하워드 베커가 주창한 이론으로, 처음 범죄를 저지른 사람에게 범죄자라는 낙인을 찍으면 스스로 범죄자로서의 정체성을 갖고 다시금 범죄를 저지를 가능성이 높은 것을 가리킨다. 반대로 긍정적인 기대나 믿음을 주면 그 기대에 부응하는 쪽으로 좋은 결과를 만드는 것이 피그말리온 효과다. 아이의 행동이 바뀌길 바란다면 부모는 아이에게 긍정적인 기대나 믿음을 표현해야 한다.

일곱째, 위협적이지 않은 상황에서 훈육하면 아이는 자신의 문제와 부모의 조언을 잘 받아들인다. 따라서 훈육할 때 너무 큰 소리를 내서 아이를 제압하거나 부모의 권위를 내세워서는 안 된다. 아이를 잘 가르치고 싶다면 위협적이지 않고 자유로운 분위기에서 훈육해야 한다.

여덟째, 아이를 진실하게 대해야 한다. 모호하게 얘기하는 대신 정확하고 명확하게 부모의 생각과 아이의 잘못을 설명하는 것이 좋다. 비언어적인 태도나 모호한 언어를 잘못 해석하거나 오해하는 아이가 있는데, 이런 아이는 중요하지 않은 자극에 초점을 두어 정작 중요한 자극은 보지 못한다. 예를 들면 엄마의 화난 모습에 압도되어 자신의 잘못은 돌아보지 못하는 것이다. 또 보고 싶은 것만 보려고 하고, 자신의 생각을 기준 삼아 외부의 것을 그 증거로 삼는다. 아이를 훈육할 때 분명하게 얘기하지 않고 모호하게 이야기하면 알아듣지 못한다. 그래서 일방적인 훈계나 설명보다는 질문을 통해 아이가 스스로 잘못을 인식하게 해야 한다. 그러므로 훈육할 때는 간단하고 명료하게 이야기하고, 질문을 통해 아이가 스스로 문제를 해결하고 대처하게끔 유도해야 자신의 잘못을 인식하고 그다음 행동을 결정하게 된다.

기질과 성격에 따라
훈육법이 달라진다

관습적이고 예민한 아이

6살 세희는 선생님 말씀을 잘 듣고 조용한 성향이다. 유치원 선생님에게서 문제가 없는 착실한 아이라는 평을 듣는다. 하지만 집에 돌아와서는 엄마에게 짜증을 부리고, 자주 운다. "울지 말고 얘기해"라는 말을 엄마가 입에 달고 살 정도로 아이는 자주 울거나 토라진다. 세희 엄마는 아이가 울지 않고 자신의 생각을 잘 얘기하길 바라지만 쉽게 변하지 않아 고민이다.

세희는 사회적 상황을 민감하게 받아들여 쉽게 의기소침해지고 불안한 감정을 느끼지만, 이런 감정을 드러내지 않고 참아낸다. 그래서 편한 대상이라고 여기는 엄마에게 짜증을 많이 부리기도 한다. 따라서 아이가 부정적인 감정을 해소할 수 있도록 엄마는 공감하고 이해해야 한다.

솔루션

step 1. 수용할 수 있는 문제인가, 수용할 수 없는 문제인가? ⇒ 수용할 수 있는 문제다.

step 2. 누가 문제를 해결해야 할까? ⇒ 아이

step 3. 어떻게 도울까? ⇒ 공감적 이해

① 아이가 느끼는 감정을 해석해주기: "기분이 안 좋은 것 같네! 무슨 일 있었어? 세희가 괜히 짜증을 부릴 리가 없는데."

② 아이가 이야기하는 것을 적극적으로 들어주기: "그래, 엄마한테 조금 더 얘기해줄 수 있겠어?"

충동적이고 새로운 것이 좋은 아이

5살 병우는 사고 싶은 것이 있으면 사달라고 바로 조른다. 마트에 가기 전에 장난감은 사지 않겠다고 약속했지만, 장난감 코너

에 가면 떼를 쓴다. 뿐만 아니라 3살 동생이 자신의 장난감을 가져가면 소리를 지르며 동생을 때린다. 엄마는 이런 병우를 점점 더 무섭게 혼내는데, 문제 행동은 나아지지 않아 걱정이 많다.

병우는 새로운 것에 관심이 많고, 심사숙고하지 않고 충동적으로 자신의 욕구를 표현한다. 그리고 그런 행동이 거절당하면 좌절감을 느끼고, 엄마가 자신을 싫어한다고 느낄 가능성이 있다. 그래서 감정적으로 폭발한다. 반면, 장난감을 사면 엄마의 사랑도 받았다는 심리적 안정감을 느낀다.

솔루션

step 1. 수용할 수 있는 문제인가, 수용할 수 없는 문제인가? ⇒
수용할 수 없는 문제다.

step 2. 누가 문제를 해결해야 할까? ⇒ 엄마

step 3. 어떻게 도울까? ⇒
공감적 이해+단호한 훈육+적극적으로 들어주기

엄마: 병우야, 엄마 봐! 지금 뭐 한 건지 설명해봐!

아이: 동생을 때렸어!

엄마: 병우는 엄마랑 무슨 약속을 했지?

아이: 동생은 때리지 않기로 했어.

엄마: 그럼 왜 때렸는지 얘기해줄 수 있어?

아이: 동생이 내 걸 가지고 갔어. 내 허락도 없이!

엄마: 음, 동생이 네 물건을 가져가서 화난 거야? 엄마 생각에도 화가 날 것 같아.^{공감적 이해} 그런데 동생은 아직 어려서 10번은 얘기해줘야 기억해. 그러니까 10번 얘기해줘. 때리면 절대 안 돼! 때리면 무조건 병우가 혼나는 거야! 알았지?^{단호한 훈육} 엄마도 동생한테 형 물건은 허락받고 만지라고 할게.

자기중심적이고 마음이 여린 아이

8살 태균이는 자기중심성이 강하고 마음이 여려서 부모가 훈육하면 겁을 먹고 위축되므로 다루기가 쉽지 않다. 태균이의 부모는 많이 칭찬하고 지지해주지만, 태균이가 또래 관계에서 양보하지 않고 배려하지 않아서 너무 힘들다. 다른 아이의 물건을 빼앗거나 때리지는 않지만, 자신의 물건을 맘대로 가져가거나 자신을 아프게 하면 절대 참지 않아서 문제가 생기곤 한다. 부모는 이런 일로 훈육을 하고 나면 아이의 자기 개념이 부정적으로 형성되지 않을까 걱정스럽다.

태균이는 기질적으로 자기중심성이 강하다. 부모는 아이를 존중해주며 아이의 기질을 가급적 거스르지 않지만, 훈육을 해도 좋아지지 않는 아이를 보면서 좌절감도 느낀다. 태균이는 검사 결과 공감 능력과 타인 수용 능력이 부족한 것으로 나타났다. 다른 사람의 아픔은 보이지 않고 자신이 불편한 점만 눈에 들어오는 것이다. 그래서 다른 사람이 자신의 물건을 빼앗거나 자신을 아프게 하면 스스로를 지키기 위해 공격한다. 따라서 공감 능력과 타인 수용 능력을 길러야 한다. 부모는 태균이에게 공감해주고 잘 대해주는 것만큼이나 단호하게 훈육해야 한다.

솔루션

step 1. 수용할 수 있는 문제인가, 수용할 수 없는 문제인가? ⇒
수용할 수 없는 문제다.

step 2. 누가 문제를 해결해야 할까? ⇒ 엄마

step 3. 어떻게 도울까? ⇒ 단호한 훈육

엄마: 오늘 책상에 줄 긋고는 선을 넘어왔다고 친구를 때렸어?

아이: 난 싫은데 자꾸 넘어오잖아!

엄마: 그래도 친구를 때리면 안 돼!단호한 훈육

아이: 아니, 걔가 일부러 그랬단 말이야.

엄마: 그래도 때리면 안 돼! 말로 해, 알았어?

물론 아이의 말에 더 공감해줄 수도 있지만 그렇게 하지 않은 이유가 있다. 태균이의 짝은 태균이가 예민하게 구니까 일부러 싫어하는 행동을 했을 가능성이 있다. 그래서 친구를 때리는 문제만 바로잡기로 한 것이다. 따라서 엄마는 태균이에게 친구를 때리면 안 된다는 것만 훈육했다.

반항적이고 고집이 센 아이

10살 대윤이는 반항적이고 고집이 세다. 엄마는 어릴 적부터 아이와 힘겨루기를 많이 했고, 고집이 세고 반항적인 아이를 가르치기 위해서는 힘으로 제압하는 것이 가장 효과적이라고 생각하게 되었다. 그래서 어린 대윤이를 큰 소리로 겁주고 매를 들기도 했다. 하지만 초등학생이 되자 반항이 더욱 심해져서 엄마가 하라는 것은 무조건 하지 않는다. 학원이나 숙제 문제로 엄마는 아이와 매번 힘겨루기를 해야 한다. 학원을 보내야 하고 학교 수업을 따라가게 해야 하니, 엄마는 아이와 쉽게 타협하거나 허용해주는 일이 늘었다. 그러다 보니 아이를 힘으로 제압했던 엄마는 계속 질 수밖에 없다. 4학년이 되자, 대윤이는 학교에서 친구들과 다투는 일이 늘었고, 선생님은 대윤이가 친구들과 협력하지 않고 공부에도 몰입하지 못한다고 한다. 대윤이를 어떻게 도울 수 있을까?

대윤이의 인지와 정서를 파악하기 위해 종합 심리 검사를 실시한 결과, 학업에 동기가 없었고 몰입하지 못할 만큼 산만했다. 공부에 집중하려면 공부에 대한 내적인 동기가 충분하거나, 자신을 믿어주고 기대하는 부모를 실망시키지 않으려는 외적인 동기가 있어야 한다. 그런데 대윤이는 부모와 친밀하고 기대와 믿음을 주고받는 관계가 아니었다. 자신이 부모의 말을 잘 듣고 학원에 잘 다녀야 인정해주고 사랑해준다고 생각했다. 그래서 안정감과 긍정적인 자기 개념을 느끼지 못했고, 집이나 학교에서 소외감을 느끼고 있었다. 공교롭게도 자신의 존재감을 느낄 수 있는 유일한 방법은 문제를 일으키는 것뿐이다. 즉, 문제아로 낙인찍혀서라도 관심을 받고 싶었던 것이다.

솔루션

step 1. 수용할 수 있는 문제인가, 수용할 수 없는 문제인가? ⇒

수용할 수 있는 문제: 반항적인 아이의 정서

수용할 수 없는 문제: 학생으로서 해야 할 일을 하지 않는 행동

step 2. 누가 문제를 해결해야 할까? ⇒

수용할 수 있는 문제: 엄마

수용할 수 없는 문제: 아이

step 3. 어떻게 도울까?

엄마: 학원 숙제를 계속 안 하는 이유를 알고 싶은데, 학원 수업이 따라가기 힘든 거야? 다른 스트레스가 있나? 엄마가 알고 싶어서.

아이: 그냥 힘들어.

엄마: 정확히 뭐가 힘든지 알아야 도와줄 수 있지, 학원이 맞지 않으면 다른 학원으로 옮기면 되지만, 학원 문제가 아니고 너의 몸 상태가 문제라면 한 달 쉬는 것도 괜찮아.

아이: 그래?

부모-아이 관계가 좋지 않을 경우에 너무 강하게 대하면 오히려 역효과가 난다. 학원에 대해 엄마는 아이에게 선택권을 주었고, 아이는 선택을 통해 그 행동에 책임져야 한다. 엄마가 공감하고 이해하면서 아이에게 선택하게끔 한 이유는, 선택하는 동시에 숙제를 잘해야 한다는 규칙을 세우기 위해서다.

불안감이 높고 통제적인 아이

태경이는 불안감이 높다. 낯선 환경도 어려워하고, 낯선 사람과도 시간이 걸려야 편해진다. 그러니 새로운 것을 시도하기가 쉽지 않다. 엄마는 태경이의 기질을 잘 알지만, 키우면서 힘들 때가 많다. 그러다 보니 태경이가 새로운 도전을 하거나 변화를 경험할 때 엄마도 긴장한다. 엄마는 아이를 기다려줘야 할지, 새로운 것을 경험하게 도와줘야 할지, 항상 헷갈린다. 태경이는 자동차를 한 줄로 늘어놓고 나름의 규칙을 만들어서 놀거나, 자신이 정해놓은 자리에 자동차가 없으면 갑자기 울면서 원래대로 해놓으라고 투정을 부린다. 또한 자신이 요구한 것을 들어줄 때까지 엄마에게 계속 물어보고 요구한다. 최근에는 눈을 깜박거리는 증상을 보여 틱이 아닐까 염려하고 있다. 태경이를 어떻게 도와줘야 할까?

태경이는 불안감이 높은 아이다. 낯선 환경과 사람에 적응하는 것이 쉽지 않으니 사회생활을 할 때 다른 아이들보다 더 많은 에너지가 필요하다. 태경이가 노는 것을 보면 세상을 살아가는 데 어려움이 따른다는 것을 알 수 있다. 자동차를 일렬로 주차하고, 자신이 원하는 자리에 자동차가 없으면 화를 내는 행동은 강박적이다. 태경이는 세상 밖에서 일어나는 돌발적이고 예상치 못한 상황을 원하지 않는다. 그래서 규칙이 필요하고 정해진 틀이 있어야 안정감을 느낀다. 그리고 자신이 원하는 세상을 유지하고 확인하려 한다. 정해놓은 위치에 장난감 자동차가 없다고 운다면 이 행동은 수용할 수 있는 문제일까?

step 1. 수용할 수 있는 문제인가, 수용할 수 없는 문제인가? ⇒

수용할 수 있는 문제

step 2. 누가 문제를 해결해야 할까? ⇒ 태경이

step 3. 어떻게 도울까? ⇒ 장난감이 없어서 불안했던 마음에 공감

해준다. 이 문제는 아이가 해결해야 하기 때문에 엄마가 할

수 있는 일은 공감해주는 것뿐이다.

엄마: 태경아, 장난감 차가 분명히 여기 있었어?

아이: 어! 엄마가 치웠잖아!(울기 시작한다.)

엄마: 엄마가 치우진 않았지만, 혹시 청소하다 떨어뜨리거나 태경이

가 놀다가 다른 곳에 두었을지도 몰라. 엄마랑 같이 찾아보자.

아이: (태경이가 계속 울고 화를 낸다.)

엄마: 엄마가 찾아줄게. 그 전에 엄마가 안아줄까? 감정을 공감하고 진정

시키는 것이 중요하다.

태경이는 앞으로도 예기치 못한 상황에 많이 마주칠 것이다. 그

때마다 이렇게 당황하고 울거나 화를 내면 안 되므로, 엄마는

이 부분을 염려해야 한다. 그래서 아이가 찾고 있는 장난감을

꼭 찾게끔 도와줘야 하고, 이 과정을 통해 태경이가 당황하지 말

고 침착하게 잃어버린 자동차를 찾으면 된다는 사실을 알려주

어야 한다. 그리고 시간이 지난 후 왜 울었는지, 어떤 감정을 느꼈는지 물어보고, 자신의 감정만 중요한 것은 아니니 태경이가 울고 화를 내면 엄마도 당황스럽다는 감정을 알려줘야 한다.

건강한 부모-아이
관계를 위한 훈육법

조율하고 협력하기

아이와의 기 싸움은 아이가 걷기 시작할 때부터 시작된다. 부모-아이 간의 분쟁은 꼭 한쪽이 이겨야 하는 것은 아닌데도, 기 싸움에서 부모가 반드시 이겨야 한다고 생각하는 경우가 많다. 아이는 부모에게 소속된 개체가 아니며, 세상에 태어났을 때부터 독립된 존재다. 그러니 아이와 분쟁이 있는 것은 당연한 일이다. 그렇다면 아이와의 기 싸움에서 이기려 하기보다는 조율하고 타협해야 한다.

부모는 감정을 조절하며 아이를 존중하는 태도와 마음으로 대해야 한다. 아이와 잘 조율하고 협력하려면 선택과 책임의 원리를 가르칠 필요가 있다. 아이들이 고학년이 되면 용돈 문제로 부모와 기 싸움을 하는 경우가 있는데, 처음부터 용돈을 얼마 받아야 하는지, 어떻게 쓸지 합의해서 조율하지 않으면 계속 분쟁거리가 된다. 용돈은 얼마가 적당한지, 어떻게 쓰는 것인지, 일주일에 한 번 혹은 한 달에 한 번 받는 게 좋은지, 모두 아이와 의논해서 결정한다.

12살 지석이는 엄마와 관계가 좋지 않아서 상담실을 찾아왔다. 엄마가 감당하기 어려울 정도로 지석이가 화를 내거나 우는 행동이 잦아서 상담을 의뢰한 것이다. 지석이는 엄마에 대한 서운함이 많았다. 엄마가 부당하고 논리적이지 않다는 이유였다. 그중 하나가 용돈 문제였는데, 지석이는 사야 할 것이 있어서 용돈을 모았다고 한다. 그런데 엄마가 용돈을 어떻게 사용하는지 관여하는 것이 불만이었다.

한편 지석이 엄마는 지석이가 용돈을 아껴 쓰고 저금도 하길 바란다. 하지만 처음 돈맛을 알게 된 지석이는 돈 쓰는 재미가 들려서, 아무 데나 돈을 쓰지는 않지만 엄마가 싫어하는 곤충을 사거나 곤충에게 필요한 집이며 도구를 사려 했다. 이런 소비가 쓸데없다고 여긴 엄마는 당연히 용돈 씀씀이에 관여했다.

하지만 지석이는 엄마가 이해되지 않았다. 그래서 자신이 모은 돈인데 왜 엄마가 관여하는지 따졌다. 그랬더니 엄마는 그 돈은 엄마 아빠가 준 것이고, 자꾸 이런 식으로 굴면 용돈을 주지 않겠다고 말했다. 누구의 말이 맞을까? 용돈에 대한 기준은 엄마가 지석이에게 가르쳐야 하는 것이다. 그런데 지석이는 엄마가 사지 못하게 하는 것을 자신의 돈으로 살 수 있다는 것을 깨닫고 돈을 모았다. 따라서 아이가 책임감을 갖고 돈을 아껴 쓰고 저금하는 법을 알려주는 것이 엄마의 목적이라면, 아이가 원하는 대로 용돈을 사용하게 해야 한다. 그래야 아이에게 경제적인 관념이 생기고 돈의 원리를 배울 수 있다.

용돈 밀고도 아이와 시시비비를 가릴 주제는 점점 늘어날 것이다. 그럴 때마다 기 싸움을 해야 한다면 유아기에 쌓았던 관계마저 점점 허물어질 것이다. 따라서 허용해야 하는 것과 절대 물러설 수 없는 기준이 명확해야 한다. 주의할 점은 허용치가 늘어나야 한다는 것이다. 유아기, 아동기에도 협력하고 조율하는 것이 매우 중요하듯이, 청소년기에는 더욱 중요하다. 따라서 아이의 생각을 들어보고 부모의 의견도 조합하여 어떻게 협력하고 조율할지 토론해야 한다.

조율과 타협을 처음 시도한다면 갑작스러워서 잘되지 않을 수 있다. 또한 드라마틱한 변화를 예상하면 실망할 것이다. 아이는 협조적이고 아이의 입장에서 생각하려는 부모를 보고 어떻게 반응해야 할지 몰라 오히려 더 반항할 수도 있기 때문이다. 따라서 협력적이고 수용적인 대화를 시도하는 것이 중요하다. 부모의 태도를 수용하지 못하는 것 같아 보여도 아이는 달라진 부모를 느낀다.

독립적인 성인기에도 부모의 위로와 격려를 뿌리치지 못하는 것을 보면 부모는 아이에게 영원히 필요한 대상이다. 따라서 아이와의 기 싸움에서 꼭 자녀를 굴복시켜야만 이기는 것이 아니다. 부모는 수용적이고 협력적인 태도를 통해 아이 스스로 행동을 통제하고 변화하게끔 동기를 만들어줘야 한다.

단호한 태도와 질문으로 훈육하기

때로는 아이의 잘못된 태도를 올바르게 바꾸기 위해 압력을 행사하는 것도 좋다. 즉, 항상 아이의 의견을 존중해주고 기다려 줘야 하는 것은 아니다. 아이는 성숙하는 과정에 있으므로 통제력이 미숙하고 제멋대로 구는 존재다. 따라서 아이의 의견을 존중해준다는 말은 아이의 뜻에 무조건 따르라는 의미는 아니다. 의견을 물어보고 기다려주는 것은 아이 스스로 문제를 해결하고 판단할 기회를 준다는 뜻이다.

따라서 아이가 판단하고 결정할 수 없는 일이라면 아이에게 전적으로 권한을 주어서는 안 된다. 몇 번 기회를 주었지만 아이가 잘할 수 없다거나 시기가 너무 이르다고 판단하면 부모가 권한을 가져야 한다. 이럴 때 아이가 선택하게 하거나 결정권을 주면, 하지 말아야 하는 일에도 이유를 달면서 저항한다. 그러므로 행동이 고쳐지지 않거나 자존심 때문에 굴복하지 않으려고 부모에게 달려드는 아이에게는 단호해야 한다.

잘못을 인정하지 않으려는 아이가 사용하는 방어기제 중 하나가 합리화다. 잘못을 인정하면 큰 불안과 죄책감을 느끼기 때문에 인정하지 않고 빠져나가려고 한다. 그래서 자신의 논리가 옳다고 주장하면서 자신만의 논리를 만들어간다.

따라서 아이가 합리화하면서 잘못을 인정하지 않을 때는 잘못한 일을 명확히 알려주는 것이 좋다. 아이가 만들어낸 비합리적인 논리를 듣고 있을 필요는 없다. 그것이 아이의 죄책감을 더 부추길 수 있으므로, 때로는 단호하게 아이의 잘못을 짚어주고 인정하도록 하는 것이 좋다.

12살과 10살 남매가 있는데, 남매는 사소한 일로 자주 다툰다. 12살 아들은 10살 여동생에게 짓궂게 굴고, 10살 딸은 엄마에게 달려와 이르곤 한다. 피해자와 가해자가 있지만, 명쾌한 해결책은 없다. 12살 아들은 10살 여동생과 공평하게 대해달라고 불평하고, 10살 동생은 오빠와 싸울 힘이 없으니 부모가 대신 해결해주길 바란다. 그러니 12살 오빠만 일방적으로 꾸중을 듣는 악순환이 계속된다. 부모는 이런 상황에 지쳐간다. 12살 아들은 쉽게 자존심이 상하는 아이라서 자신의 잘못을 인정하기보다는 이유를 대고 빠져나갈 궁리뿐이다.

> 엄마: 동생이 왜 그러는지 얘기해봐.
>
> 아들: 모르겠는데?
>
> 엄마: 아니야, 알고 있잖아. 얘기해봐.
>
> 아들: 내가 동생 핸드폰 비밀번호를 풀어달라고 했어.
>
> 엄마: 맞아. 이유가 어떻든 상대방이 싫다고 하면 하지 않는 거야. 알았지?
>
> 아들: 그럼 동생도 내 방에 들어오지 말라고 해. 내 허락 없이는.
>
> 엄마: 그건 이미 얘기 끝났잖아. 지난번에 너희 둘이 서로 방에 들어가는 걸 허락하는 대신, 각자의 물건은 함부로 만지지 않기로 합의했던 거 기억나지? 지금 핸드폰 얘기를 하고 있는데 왜 네 잘못은 인정하지 않고 빠져나가려고 하지?

엄마는 아들의 의견을 듣고 잘못이 뭔지 확인하려고 했지만, 아이는 계속 빠져나가려 하고 자신에게는 잘못이 없다는 듯 핑계를 댔다. 때로 부모는 아이가 이런 식으로 핑계를 대고 빠져나가지 않도록 단호하게 얘기해야 한다. 부모가 우물쭈물하며 아이의 말에 공감하면 아이는 반드시 다른 이유를 들어 자신의 행동을 정당화하려 들거나 비합리적으로 공평함을 요구한다. 이를 허용하면 아이는 빠져나가는 방법만 배우고 자신의 잘못을 인정하기가 더 어려워진다. 오히려 이런 아이에게는 부모가 단호해야 한다. 따라서 아이 스스로 본인을 방어하기 위해 세운 비논리적인 설명에 휘둘리지 말고, 설명 없이 단호한 태도로 훈육한다.

숨은 의도를 찾고 논리적으로 훈육하기

아이의 문제 행동에는 반드시 의도가 있다. 대개 소속감을 원하거나 인정받고 싶고 사랑받고 싶은 욕구에서 문제 행동은 시작된다. 아이의 문제가 무엇인지 알기 위해서는 문제 행동 뒤에 숨은 의도를 살펴봐야 한다. 이를 관심을 끌려는 의도, 힘겨루기 의도, 복수하려는 의도로 나누어볼 수 있다.

① 힘겨루기 , ②관심 끌기, ③복수하기, ④기타(행동 수정이 필요한 경우)

문제 행동	숨은 의도	존중	좌절 (훈육)
떼를 쓰거나 엄마 말을 듣지 않으려고 하는 행동	① 힘겨루기		V
약속을 지키지 않고 놀이터에서 더 놀겠다고 떼쓰는 경우	① 힘겨루기		V
친구를 밀거나 때리는 행동	② 관심 끌기 ③ 복수하기	V	V
그림을 그리는데 잘 그려지지 않는다고 연필을 던지고 우는 행동	④ 행동 수정 필요- 정서 조절	V	V
쏟을 게 뻔한데 고집 부리다가 물을 쏟는 행동	① 힘겨루기		V
씻기, 먹기 등을 하지 않고 꾸물거리는 경우	① 힘겨루기		V
꾸물거리다 학원 버스를 놓치는 경우	④ 행동 수정 필요- 계획적이지 못한 성향		V
훈육하는데 엄마를 노려보거나 소리지르는 행동	① 힘겨루기 ③ 복수하기		V
계속 동생 괴롭히기	② 관심 끌기	V	V
친구들의 놀이를 방해하는 경우	② 관심 끌기	V	V
물건을 던지는 경우	② 관심 끌기 ④ 행동 수정 필요 - 정서 조절	V	V

〈힘겨루기 의도〉

아이는 부모와의 약속을 어기고 자기 뜻대로 하려는 상황에 힘겨루기를 한다. 마트에서 장난감을 사지 않는다는 규칙을 깨려고 떼를 쓰거나, 놀이터에서 집에 들어가야 하는 시간인데 더 놀겠다고 떼를 쓰는 경우도 힘겨루기 의도가 있다. 즉, 자신의 욕구를 꺾지 않으려고 엄마를 통제하려는 것이다. 따라서 힘겨루기 의도가 있는 경우에는 엄마도 물러서지 않고, 설명하기보다는 단호하게 규칙을 설명한다. 봐주거나 여지를 주면 엄마가 밀릴 것이다. 놀이터나 마트에서 힘겨루기를 하지 않으려면 엄마가 규칙과 약속에 대해 일관적으로 반응해야 아이도 엄마를 통제하려는 의도를 단념하고 자신의 욕구를 통제한다.

〈관심 끌려는 의도〉

관심을 끌기 위해 하는 행동으로는 동생 괴롭히기, 유치원 친구의 머리카락 잡아당기기, 친구의 놀이 방해하기 등이 있다. 유아기의 아이는 친구와 함께 놀고 싶고 관심이 있다는 표현을 능숙하게 하지 못한다. 따라서 놀이를 방해하거나 친구를 귀찮게 하는 식으로 표현한다. 이럴 때는 아이에게 면박을 주거나 훈육하기보다는 "같이 놀고 싶구나"라고 표현해주면 좋다.

가정에서도 마찬가지다. 동생에게 관심이 있어서 만지려고 하고 같이 놀자고 잡아채서 동생이 울면 엄마는 큰아이를 혼낼 것이다. 그러면 큰아이는 속이 상하고, 자신의 본심과는 달리 나쁜 아이가 된 것에 좌절감을 느낀다. 그래서 계속 엄마를 자극한다. 엄마가 싫어하는 행동을 해서라도 자신을 봐주는 것을 경험하면 아이는 이 행동을 멈추지 않는다.

학교에서 말썽을 부리는 아이도 마찬가지다. 선생님이 모든 아이 앞에서 이름을 부르며 조용히 하라고 하면, 부끄럽기도 하지만 왠지 관심받는 느낌이 들어서 문제 행동을 멈추지 않는다. 교사가 아이를 불러서 "네가 힘이 센 것 같아서 선생님을 잘 도와줄 것 같구나. 앞으로 도와줄 수 있을까?"라는 식으로 아이에게 갖는 기대를 얘기해주면, 교사의 격려를 받은 아이는 바로 문제 행동을 멈출 것이다.

동생을 괴롭혀서 관심을 끌려고 하는 아이에게도 "엄마가 동생만 돌봐서 정말 미안해. 동생은 아직 아무것도 못 하니 엄마랑 네가 돌봐줘야 할 것 같아. 엄마를 도와줄 수 있을까?"라며 협력을 요청하는 것이 좋다.

〈복수하기 의도〉
엄마의 훈육에 승복하지 못하고 감정이 남으면 아이는 복수하기도 한다. 아이는 엄마에게 배운 그대로 엄마를 협박한다. 엄마처럼 소리 지르고 물건을 집어 던지기도 한다. 엄마가 화를 냈을 때 받았던 위협적인 기분을 엄마에게 그대로 나타내는 것이다.

따라서 아이가 감정을 조절하지 못하고 화를 내거나 물건을 집어 던진다면 감정을 표현하는 방법을 제대로 배우지 못했다고 생각해야 한다. 그러므로 아이의 폭발적인 반응에 대해 압도되지 말고 아이와 대화를 나누도록 한다. 한편 엄마가 잘못된 모델이었다면 아이 앞에서 잘못을 인정하고 엄마의 훈육 방법을 바꿔야 한다.

부모는 아이의 거울이다. 부모가 문제를 어떻게 해결하는지 지켜보았다가 부모를 따라 행동한다. 부모가 어려운 문제 앞에서 당황하고 소리를 지르거나 감정을 조절하지 못하면 아이도 그렇게 된다. 따라서 아이의 문제 행동 앞에서 부모는 자유로울 수 없다. 아이가 복수하려는 의도가 있는 문제 행동을 보이면 부모는 아이에게 더욱 공감하고 부모에 대해 부정적으로 느끼는 감정을 해소해주어야 한다.

좌절하고 실수해본 아이가
성공한다

적절한 좌절이 주는 힘

좌절이란 원하는 것을 이루지 못할 때 느끼는 감정이다. 누구든 좌절을 피하려고 무단히 노력하지만, 좌절은 앞으로 겪을 역경에 대한 예방주사와 같아서 꼭 나쁜 것만은 아니라는 사실을 어른이 되어야 깨닫게 된다. 좌절은 상처를 주지만 그 순간은 영원하지 않으며, 성공으로 이끄는 경험이 된다. 그러므로 적절한 좌절은 필요하다. 적절하다는 말은 매우 주관적일 수 있지만, 부모는 아이에게 좌절에 대한 굳은살을 만들어주고 행동에 반영하도록 한다. 그러려면 무엇보다 부모의 격려와 지지가 필요하며, 부모가 아이의 좌절을 예견해야 잘 버텨줄 수 있다.

그렇다면 적절한 좌절을 통해 아이들이 얻을 수 있는 능력은 무엇일까? 스트레스나 위기 상황에서도 감정에 압도되지 않고 빠르게 문제를 해결하는 사람이 회복 탄력성이 좋다고 말한다. 인생에서 만나는 역경을 이겨낼 수 있는 잠재적인 힘을 회복 탄력성이라고 하는데, 역경은 사람을 더욱 강하게 튀어 오르게 만든다. 회복 탄력성이 좋은 사람은 역경을 긍정적으로 바라보고, 누군가에게 위로받기보다 자신을 위로하는 능력이 있다.

자녀의 회복 탄력성을 키워주기 위해 부모는 무엇을 해야 할까? 우선 자기 조절 능력을 키워줘야 한다. 감정과 행동을 적절하게 조절해서 사회적 상황에 맞게 표현하는 정서 지능이라고 할 수 있다. 즉, 화가 난다고 분노를 터뜨리지 않고, 자신의 감정을 인식하고 사회적 상황에 알맞게 적절히 표현할 수 있는 능력이다. 무엇보다 좌절을 겪는 상황에서 부정적인 감정을 통제하고 긍정적인 감정과 도전의식을 얼마나 빨리 일으키는지가 중요하다. 어떤 아이는 낯설고 복잡한 과제를 거부하고, 다른 친구들과 비교했을 때 못한다고 생각했을 때 더 이상 해보지도 않고 포기한다. 반면 낯설고 복잡한 과제에 흥미를 갖고 시도해보거나, 시간과 상관없이 과제를 끝까지 해보려는 아이도 있다. 이렇듯 자기 조절 능력이 있는 아이는 회복 탄력성이 높고 좌절을 잘 견딜 수 있다.

둘째, 생각을 방해하는 충동적인 반응을 억제해야 한다. 불안한 환경에 많이 노출된 아이들은 충동적으로 행동할 가능성이 높다. 충동성에 취약한 아이들은 스트레스나 문제 상황을 접했을 때 차분해지기보다 충동적으로 행동할 가능성이 높다. 따라서 충동성이 높은 아이들이 상황과 정서를 통제할 수 있도록 도와야 한다.

마시멜로 실험에서 끝까지 참고 마시멜로를 하나 더 받은 아이들을 추적 조사해본 결과, 아이들의 학업 성적과 대인관계가 좋았다는 연구 결과가 있었다. 참지 못하고 기다리지 못하는 충동적인 아이들도 기다린 후에 반드시 보상이 따른다는 원리를 반복적으로 경험하면 참고 기다리는 법을 배운다.

아이들이 밥을 먹기 전에 아이스크림을 먹겠다고 하면 엄마는 "밥 먹고 아이스크림 먹자!"라고 이야기하고, 아이들은 욕구가 좌절되는 경험을 통해 세상과 타협하는 법을 배운다. 이런 조절 능력이 없다면 충동적으로 상황을 대하고, 객관적으로 상황을 보지 못하면 실수가 잦아진다. 그러므로 좌절 경험이 또 따른 좌절을 이겨내는 굳은살이 된다.

마지막으로, 자신이 처한 상황을 객관적이고 정확하게 파악해서 대안을 찾는 능력이 있어야 한다. 위협적이고 난감한 상황에서 당황하지 않고 문제 해결을 시도하려면 주변의 시선에 압도되어선 안 된다. 주변 사람들에게 압도되고 주눅 들면 문제를 해결하기 힘들다. 주변의 시선이나 타인의 생각이 더 중요한 아이들은 이런 함정에 빠지기 쉽다.

부모는 아이가 상황을 어떻게 해석하는지, 어떤 해결책이 필요한지, 의미 있는 질문을 통해 문제 해결 전략을 알려줘야 한다. 이런 전략을 인지적으로 알고 있으면 감정에 압도되어도 유연하게 사고할 수 있다. 결국 이런 경험이 누적되면 문제 해결을 위해 감정을 앞세우기보다 사고력을 발휘하여 문제를 해결해보려고 노력한다. 그리고 이런 과정이 전제되어야 아이는 좌절을 의미 있는 경험으로 만들 수 있다.

적절한 좌절과 격려가 아이의 자존감을 높인다

자존감은 다른 사람과의 관계와 연관이 있다. 자존감을 형성하는 요소에는 성공 경험, 타인의 피드백, 통제력이 있는데, 이런 요소는 상황에 따라 늘 똑같지 않다. 무엇보다 좌절 앞에서 이런 상황을 어떻게 극복하고 대처해야 할지, 본인의 의지와 노력이 중요하다.

누구나 문제가 발생했을 때 문제를 맞닥뜨리기보다는 회피하려고 한다. 하지만 이런 문제를 회피하지 않고 정면으로 마주한다면 그 경험을 발판으로 더 나은 결과를 얻을 수 있다. 불편한 상황과 부정적인 결과가 예측되는 상황에서도 굴복하지 않고 해낼 수 있다는 믿음은 이런 경험이 쌓여야 가능하다. 따라서 부모가 예견된 미래라고 해서 아이가 불안해하고 좌절을 겪지 않게 하는 것은 장기적으로 아이에게 도움이 되지 않는다.

아이가 좌절 상황에서 어떻게 행동하는지 지켜보면 아이가 회피적인지, 도전적인지 알 수 있다. 얼마나 용기를 내는지, 그것에 대해 고민하는지, 실수를 반복하지 않으려고 어떤 노력을 하는지 여부가 아이의 자존감을 결정한다. 물론 어린 자녀라면 좌절을 잘 견디기 위해서는 부모의 진심 어린 격려가 필요하다. 좌절로 인해 속상하고 난감해하는 아이에게 책임을 묻고 비난하면 아이 스스로 실패의 원인을 생각해보고 반성할 기회를 놓쳐버린다. 그러면 자기 비난과 죄책감으로 인해 부정적인 감정에서 허우적대느라 생각하지 못하게 된다.

자존감이 높은 사람은 문제의 원인을 알아내고 대책을 세우기 위해 부정적인 감정에서 빨리 빠져나온다. 감정이 사고를 지배하지 않도록, 부모는 아이의 감정의 고리를 끊어야 한다. 감정의 고리는 연쇄적이어서 실패감에서 자책감, 우울감, 무기력으로 연결되므로, 감정의 사슬에 걸리면 빠져나오기 힘들다. 따라서 감정의 고리를 끊어내기 위해서는 부모의 격려와 위로가 필요하다. 이것이 부모의 역할이다.

찰스 쿨리Charles Horton Cooley는 아이의 삶에 중요한 영향을 미치는 부모와 교사, 친구와 같은 의미 있는 타인의 의견에 의해 아이의 자존감이 형성된다고 말했다. 따라서 자녀의 자존감을 높이는 부모의 역할 중 하나는 자존감 언어를 많이 사용하는 것이다. 아이는 곤경에 처하거나 극복하기 힘든 상황에서 부모에게 들었던 말을 떠올린다. 이럴 때 "넌 항상 그래!", "넌 실수를 왜 이렇게 하니?"라는 부모의 말이 떠오른다면 아이는 좌절의 사슬에서 헤어 나오지 못할 것이다. 그래서 부모는 아이에게 "넌 처음에는 힘들어하지만 그다음은 잘해", "엄마는 너를 믿어! 실수하고 다시 해보려는 네가 너무 자랑스럽다" 등의 긍정적인 말을 많이 해주어야 한다. 부모는 아이의 거울이기 때문에 부모의 말은 곧 아이를 만든다. 그래서 좌절에 맞닥뜨렸을 때 격려의 메시지를 떠올려야 좌절의 감정에서 벗어날 수 있다.

유난히 어렵고 도전적인 과제를 흥미로워하는 아이가 있는 반면, 낯설고 어렵다는 생각이 들면 그 과제에 압도되어 수행을 포기하거나 대충 해버리는 경우가 있다. 후자의 아이라도 부모가 격려해주거나 쉽게 설명해주면 다시 시도해볼 용기를 낸다. 그리고 성공을 경험하면 자신감이 붙는다. 아이가 시도하지 않으려하면 부모는 화가 나거나 걱정이 되어서, 아이를 비난하거나 협박해서 억지로라도 시도해보게 한다. 하지만 아이가 과제에 압도된 상태라면 이런 협박이나 비난은 아이에게 도움이 되지 않는다. 부모의 목표는 아이가 새로운 것을 도전으로 받아들여 시도해볼 용기를 갖게 하는 것이다. 따라서 아이가 과제에 압도된 이유를 찾고 도와야 한다. 그리고 아이가 성공 경험을 할 수 있도록 포기하지 않고 지지하고 격려하는 것이 중요하다.

좌절이 두려운 아이가 갖는 자신감은 환상이다

자신감 있는 아이는 눈에 확 들어온다. 그런데 자신감을 경험에 의한 것이라고 하기에는 한계가 있다. 낯가림이 심하고 내향적이며 완벽주의적 성향이 강한 아이는 자기가 알고 있는 것이 정확하지 않다면 표현하지 않는다. 자신이 알고 있는 것을 이야기하고 싶지만 돌발적인 질문을 받으면 어쩌나 싶어 머뭇거리기도 한다. 따라서 아이는 겉만 보고 자신감 유무를 판단할 수 없다. 이런 아이도 경험이 쌓여 잘하는 것이 하나씩 늘어가고 긍정적인 피드백이 쌓이면 쑥스러움을 뒤로하고 자기가 아는 것을 발표하고 이야기를 꺼낼 수 있다.

반면 자신감을 잘 표현하는 아이가 있다. 어떤 아이는 무엇을 시키면 "이런 거 잘하는데", "이거 왜 이렇게 쉬워요? 더 어려운 거 없어요?"라고 말한다. 자신감이 하늘을 찌를 것 같지만, 이런 아이는 계속 과제에 실패하면 곧 "난 이런 거 못해요. 더 쉬운 거 없어요?"로 바뀐다. 이 아이처럼 자신 있다는 표현을 지나치게 많이 하는 아이는 오히려 자신감이 부족하고 자존감도 낮을 가능성이 높다. 자신이 실패할 것을 우려하여 자기 위안을 위해 끊임없이 자신 있는 척하는 것이다. 오히려 자존감이 높은 아이들은 수행에 민감하지 않다. 처음 보는 사람에게 자신이 잘한다는 얘기를 할 필요도 없고, 실패한다고 해도 이것으로 자신의 실력을 평가받는다고 생각하지 않기 때문이다.

부모는 아이에게 자신감을 키워주기 위해 노력한다. 못해도 잘한다고 격려하고 최고라고 말해주는 부모가 있다. 아이가 보기엔 언니가 그림을 훨씬 잘 그렸더라도, 엄마는 언니보다 동생의 그림이 더 멋지다고 말하는 것이다. 그러나 아이는 부모가 얘기해주는 세상이 아닌 자신이 느끼는 세상을 진실이라고 믿는다. 오히려 이런 과정에서 아이는 "나는 잘해"보다는 "엄마는 잘하는 사람을 좋아하는구나"라고 느낀다.

따라서 아이는 수행에서 자유롭지 못하다. 늘 잘해야 하고 완벽하려고 노력한다. 그리고 실패하면 크게 좌절한다. 부모가 이끄는 대로 따르는 아이는 초등학교 저학년까지 성적이 좋다. 이런 아이는 좌절의 경험이 별로 없고, 늘 잘해왔기 때문에 자신에 대한 기준과 자기상이 높다. 하지만 정작 학습에 몰입해야 하는 중고등학교 시기에 무너지기 쉽다.

학습에 필요한 것은 내적 동기다. 외부의 칭찬에 의존하고 맹

목적인 칭찬을 많이 받은 아이는 타인의 시선을 많이 의식하고, 외부의 긍정적인 피드백이 없이는 동기를 부여하지 못한다. 주변 사람들의 칭찬이나 기대에 부응하려는 외적 동기의 힘은 제한적이며, 특히 공부할 때는 내적 동기가 발휘되어야 한다.

하지만 스스로 목표를 세우고 달려가는 아이는 그리 많지 않다. 그래서 중고등학교에 들어가면 공부를 하지 않거나 성적이 좋지 않은 경우가 있다. 아이는 갑자기 아무것도 하기 싫고 자기 맘대로 살겠다고 떼를 쓰기도 한다. 우선 공부를 해야 하는 시기라, 부모는 아이를 훈육하는 대신 회유하거나 달래며 아이의 눈치를 보고 어떻게 대해야 할지 몰라 쩔쩔맨다. 그러다 보니 아이는 반항적인 태도로 엄마를 대하고, 공부를 빌미로 자기가 원하는 것만 하려고 한다. 이런 부모-아이 관계를 원하지 않는다면 막연하게 자신감을 키우는 대신 좌절을 견디고 일어나게 도와야 한다. 그래야 삶의 방향이 결정되는 청소년 시기를 허투루 보내지 않는다. 자신의 삶에 대한 책임은 엄마에게 있는 것이 아니라 본인이라는 사실을 알아야 스스로를 방치하지 않는다.

그러므로 저학년 때 실수를 많이 허용해야 한다. 자신이 무엇을 잘못하고 잘하는지 알아야 부족한 부분을 어떻게 메울지 고민한다. 그래야 실수를 줄이고 노력한 만큼 성과를 얻을 것이다.

성공적인 훈육을 위한
3가지 포인트

<u>포인트 1. 수용할 수 있는 태도와 수용할 수 없는 태도를 구분하라</u>

아이의 문제 행동 중 부모가 수용할 수 있는 태도와 수용하기 어려운 태도가 있다. 전문가 입장에서 아동의 문제 행동을 진단하려면 가족의 규칙이나 부모의 철학을 살펴보아야 한다. 교과서에 나온 꼭 지켜야 하는 규칙은 어떤 부모에게는 불편할 수 있다. 어떤 부모에게는 수용 가능한 일이 어떤 부모에게는 수용할 수 없는 일이 되기도 한다.

예를 들면 식사를 할 때 스마트폰을 사용하게끔 허락하는 부모도 있고, 절대 허락하지 않는 부모도 있다. 무엇이 옳고 그른 것은 없다. 가정마다 유연하게 대처하면 된다. 이런 방식의 차이는 부모의 기질, 신념, 사람을 대하는 태도에 의한 것이다. 어떤 부모는 자율성이 중요하다고 생각해서 아이를 대하는 태도가 너그러운 반면, 세 살 버릇 여든 간다는 말도 있듯이 아이의 태도는 유아기부터 잘 만들어가야 한다고 생각하여 엄격한 부모도 있다. 따라서 부모가 의견을 조율하고 협력하여 가정만의 유일한 규칙을 세워야 한다. 아이에게 도움이 되는 방향으로 생각하고 이를 반영하여 유연하게 조정하면 좋다.

포인트 2. 아이가 해결해야 하는 문제

원칙 1. 아이의 감정과 관련된 문제다.
원칙 2. 아이의 사적(또래, 교사, 공부)인 문제다.

- 하다가 어렵다고 생각하면 포기한다.
- 잘 못했다고 운다.
- 친구가 자기를 싫어한다고 속상해한다.
- 선생님이 자신을 싫어한다고 얘기한다.
- 학원에 가는 것을 귀찮아한다.
- 낯선 곳에 가는 것을 거부한다.
- 준비물을 챙기지 않는다.
- 숙제를 끝까지 미루다가 한다.

아이의 문제 행동은 누가 해결해야 할까? 모든 문제를 부모가 해결해야 한다고 생각하면 안 된다. 아이의 문제라고 해도 엄마가 해결해야 하는 문제가 있고, 아이 스스로 해결해야 하는 문제가 있다. 따라서 아이의 모든 문제를 부모가 해결해주려고 하면 안 되며, 반복적인 문제 행동이 있다면 그 문제는 누가 해결해야 하는지 살펴봐야 한다.

예를 들어, 학교에서 돌아온 아이가 울상을 지으며 학급 친구에 대한 서운함을 표현한다면, 엄마는 이 문제를 누가 해결할지 판단해야 힌다. 친구와의 문제는 엄마가 해결해줄 수 없다. 상급생이 괴롭히거나 학급 친구에 의한 지속적인 괴롭힘이라면 몰라도, 그 외에 일상적으로 일어나는 또래 관계 문제는 아이가 해결해야 한다. 아이가 해결해야 하는 문제라면 '적극적으로 듣기'의 방법을 사용한다. 적극적으로 들으려면 몇 가지 방법이 있다.

우선 질문을 통해 상황을 파악한다. 그리고 판단 없이 아이가 느꼈을 법한 감정을 공감해준다. 그러고는 아이의 이야기를 정리하고 질문을 통해 해결책을 의논한다.

제나: 엄마! 나 정말 기분이 나빠!

엄마: 무슨 일이야?

제나: 오늘 급식을 먹는데 소이가 나랑 같이 가기로 해놓고

다른 애랑 가버렸어.

엄마: 너랑 먹기로 했는데 소이가 다른 애랑 갔다고?

제나: 어.

엄마: 그래서 어떻게 했어?

제나: 난 혼자 갔어. 소이한테 얘기는 안 했어!

엄마: 그래? 엄마라면 소이한테 왜 그랬는지 물어봤을 텐데
    넌 물어보지 않았네?

제나: 얘기하면 뭐 하겠어, 이미 끝난 일인데. 암튼 난 이제
    소이랑 얘기 안 해.

엄마: 제나가 엄청 화났구나. 엄마라도 그랬을 것 같아. 그럼
    이제 소이랑 얘기도 안 하고 지낼 거야?

제나: 당연하지.

엄마: 엄마는 제나가 소이한테 화가 난 건 이해하는데, 제나
    가 내일도 또 혼자 밥을 먹어야 하는 것은 아닌지 걱
    정되네.

제나: 음.

엄마: 내일 어떻게 할 거야?

제나: 음, 다른 친구랑 가든가.

엄마: 내일 학교에서 돌아오면 어떻게 했는지 엄마한테 알려줘.

제나의 엄마는 이 일이 친구들 사이에서 일어날 수 있는 소소한 사건이라고 생각했다. 그러므로 제나가 해결해야 하는 일이라고 생각했기 때문에 제나의 이야기를 잘 들어주었다. 엄마는 소이가 왜 그랬는지 알 수 없으므로 적극적으로 문제 해결 전략을 제시해주기가 힘들다. 소이에게도 그럴 만한 이유가 있을 수 있어서 무작정 잘 지내라고 말하는 것은 위험하다. 소이가 제나를 수동 공격한 상황일 수도 있기 때문이다. 이럴 때는 제나도 다른 친구를 찾아보는 것이 좋다. 어쨌든 좋은 해결 방법은 제나가 찾아야 한다. 제나는 엄마와의 대화를 통해 내일 밥을 혼자 먹을지, 소이에 대한 마음을 풀지, 아니면 다른 친구를 찾아볼시 생각할 수 있다. 따라서 엄마가 해결해야 하는 문제가 아닐 때는 아이에게 문제를 해결할 수 있게 하고 엄마는 관찰자로 남아야 한다.

포인트 3. 엄마가 해결하는 문제

> 원칙 1. 아이의 힘으로 해결할 수 없어 어른의 도움이 필요한 일이다.
> 원칙 2. 부모가 바라는 목표를 위협받고 있다.

- 설거지를 하고 있는데 계속 놀아달라고 부모를 방해한다.
- 책을 2권만 읽어주기로 했는데, 더 읽어달라고 조른다.
- 부모가 전화 통화를 하는데 계속 옆에서 방해한다.

- 식탁에 앉지 않고 돌아다니며 음식을 먹는다.
- 동생을 괴롭힌다.
- 장난감을 치우지 않는다.
- 부모와의 약속을 지키지 않고 기 싸움을 하려고 한다.
- 화가 난다고 물건을 던지고 소리를 지른다.

이런 것은 엄마가 해결해야 하는 문제다. 학교 선생님이 자신을 미워한다거나 친구랑 싸웠다면, 아이의 이야기를 적극적으로 들어주고 공감해주면 된다. 하지만 학교에서 일어나는 문제라도 지속적이고 반복적으로 괴롭힘을 당해서 아이가 힘들어하면 부모가 적극적으로 나서야 한다. 이외에도 부모의 권리를 침해하거나 부모가 받아들일 수 없는 행동을 하는 경우에는 직접 해결해야 한다.

예를 들면 부모와 약속한 귀가 시간이 다 되었는데도 아이가 늦장을 부리거나 집에 들어오지 않을 때 부모가 문제를 해결해야 한다. 이럴 때조차 아이가 해결하도록 기다리면 아이는 무엇이 잘못되었는지 인식하지 못하고 계속 문제 행동을 보인다. 따라서 부모가 해결해야 한다고 판단된다면 아이를 훈육해야 한다.

3살 재우와 서점에 책을 사러 나가려고 준비하느라 엄마는 매우 바쁘다. 그리고 재우에게 오늘은 책만 사서 집에 돌아올 거라고 이야기한다. 하지만 서점에 가니 재우는 책에는 관심이 없고 장난감을 사달라고 졸랐다. 엄마는 조용한 서점에서 징징대는 재우를 견디기 힘들었지만, 계속 아이를 설득하고 집을 나서기 전에 아이가 한 약속을 상기시킨다. 하지만 재우는 오가는 사람이 많아서 엄마가 난감해하는 것을 알고 계속 떼를 쓴다. 엄마는 재우를 번쩍 안고 서점의 비상계단으로 가서는 재우에게 "울음 그치면 얘기할 거야"라고 말하고는 기다린다. 재우는 울음을 그쳤고, 재우 엄마는 재우와 눈높이를 맞추고 이야기한다.

엄마: 재우야, 엄마가 지금 어떤 것 같아?

재우: 화났어.

엄마: 왜 화났지?

재우: 내가 장난감 사달라고 울어서.

엄마: 맞아. 잘 알고 있네. 재우야, 엄마가 집에서 나오기 전에
　　　재우랑 무슨 약속을 했지?

재우: 장난감은 사지 않는다고.

엄마: 그런데 재우는 어떻게 했어?

재우: 장난감 사달라고 떼썼어.

엄마: 뭘 잘못했는지 이제 알겠어? 엄마랑 한 약속을 지키지
　　　않아서 엄마는 화가 난 거야.

214

하루에도 여러 번 발생하는 아이와의 기 싸움에서 누가 문제를 해결해야 하는지 명확하고 빠르게 판단하기 위해서는 일기를 써보는 것도 도움이 된다. 아이와의 사이에서 일어난 일을 쓰고, 누가 해결해야 하는 문제인지, 다음에 이런 일이 생기지 않도록 어떤 규칙이 필요한지 기록해놓으면 성공적으로 훈육할 수 있다.

부모의 말이 아이에게는
상처가 될 수 있다

불안과 비하를 이용한 야단치기

아이를 통제하기 위해 사용하는 방법 중 하나가 협박이다. 특히 제멋대로 행동하는 유아기에 잘 통하는 방법이다. 주로 아이들의 불안한 생각을 극대화하는 것인데, 엄마의 말은 사실로 받아들이기 때문에 이런 협박이 통한다. 하지만 협박을 사용하여 아이를 통제하면 아이는 겁을 먹고 두려워서 그 행동을 잠시 멈춘 것뿐이고 다시금 같은 행동을 한다.

주로 안전이나 위생에 관한 문제에 대해 훈육할 때 불안을 조성하는 방법을 많이 사용한다. 예를 들면 아이가 엄마의 말을 듣지 않고 킥보드를 위험하게 타거나 미끄럼틀 난간에 매달려 위험하게 놀면 "그러다가 다리 부러지면 어쩌려고 그래! 그러면 수술해야 해. 얼마나 아픈지 알아?"라고 겁을 준다. 양치를 안 하겠다는 아이에게도 "그러면 이에 벌레가 생기고 치과에 가서 주사 맞아야 해"라고 말한다. 아이를 보호하는 일이기 때문에 협박의 방법이 통한다면 어느 정도는 사용해도 되지만, 협박은 득보다는 실이 더 많은 훈육 방법이다.

협박이 유난히 잘 먹히는 아이가 있는데, 불안에 취약한 아이다. 쉽게 겁을 먹고 불안해하는 아이들은 엄마의 협박에 쉽게 압도된다. 불안감이 많은 아이들은 보통 예기 불안이 많다. 예기 불안이란 일어나지 않은 일을 미리 걱정하는 태도를 가리킨다. 아이는 일이 일어나기도 전에 계속 걱정하고 안 좋은 일을 상상한다. 이렇게 불안 사고는 아이를 위축시킬 정도로 강력하다. 부모가 말하는 불안한 세상을 틀로 받아들여서, 낯설고 도전하기 어려운 상황에서는 불안에 기반하여 상황을 바라보려 한다. 이럴 때 엄마는 "괜찮아, 용기를 내봐. 별거 아니야"라고 말하지만 아이의 불안을 조장한 사람은 자기 자신이다. 엄마가 훈육하기 위해 사용했던 '겁주고 협박하기'가 아이의 불안을 조장한 것이다.

어떤 아이들은 화장실에서 냄새가 난다고 생각해서 공중화장실에 가지 않는데, 심리적으로 화장실은 두려움의 상징이다. 새로운 환경에 대한 두려움이 많은 아이는 학기 초에 특히 불안이 높아지고, 냄새나 오물에 대한 강박적인 사고 때문에 괴로워한다. 그런 심리를 도무지 이해할 수 없는 엄마는 아이를 다그친다. 그러나 화장실에서 냄새가 나지 않는다고 얘기하는 것은 아무 도움도 되지 않는다. 아이에게는 냄새가 나는데 엄마는 냄새가 나지 않는다고 말하면, 아이에게는 분명히 보이는데 엄마가 안 보이니까 없는 것이라고 하는 셈이다. 그러므로 엄마는 아이의 불안이 가져오는 다양한 신호를 파악하고 불안한 상황을 함께 견뎌야 한다.

아이기 느끼는 불안을 이용하면 표면적으로는 행동의 변화를 가져오겠지만 한편으로는 불안의 늪으로 아이를 밀어넣는 셈이다. 특히 두려움으로 압도하여 행동을 제어하는 것은 장기적으로 도움이 되지 않는다. 그러므로 행동의 변화를 위해 두렵고 불안한 감정을 받아들이고, 훈육보다는 아이와 함께 불안의 징조를 따라가야 한다.

예를 들면 분리불안이 있는 아이들은 무조건 적응하라고 하기보다는 애착물을 주머니에 넣어주는 것이 좋다. 5살 효진이는 분리불안이 있어서 엄마와 떨어지는 것을 힘들어한다. 그래서 효진이 엄마는 효진이에게 엄마와 같은 향수를 소매에 뿌려주고 엄마가 생각날 때마다 맡게 했다. 혹은 화장실 냄새에 민감한 아이라면 엄마도 냄새가 난다며 공감해준 다음, 엄마도 어릴 적에 힘들었는데 이제 괜찮아졌으니 너도 점점 좋아질 것이라고 용기를 준다. 그리고 냄새는 이겨내야 하는 것임을 알려준다. 화장실에 좋은 냄새를 뿌려보거나, 냄새가 난다고 들어가지 않으려는 공간에 아이와 함께 들어가는 것도 좋다. 나쁜 것과 좋은 것을 연합시키면 나쁜 것이 상쇄되는 원리를 이용하는 것이다.

예전에는 아이가 울거나 떼를 쓰면 "망태 할아버지 온다!"라며 불안을 조성했다. 아이들은 망태 할아버지가 누군지도 모르면서 엄마의 말에 겁을 먹고 울음을 그쳤다. 이것이 아이의 환상 체계다. 아이는 끊임없이 상상하고 두려워한다. 아이의 환상 영역에 두려움이 많다는 것은 불안에 취약하다는 뜻이다. 불안에 빠진 아이는 강박적 사고, 강박 행동, 틱, 분리불안 등 현실에서 많은 어려움을 겪는다. 따라서 불안을 조장하여 겁을 주면 단기적으로는 아이의 문제 행동을 멈출 수 있지만 장기적으로는 아이를 위험에 빠트린다.

다른 사람을 비하해서 훈육하기

아이를 훈육하는 과정에서 다른 사람을 비하하고 있지는 않은지 생각해봐야 한다. 직업은 다양하고 직업에는 귀천이 없다고 하지만, 어느 순간이 되면 "이렇게 공부 안 하면 저렇게 가난하게 산다"라거나 부모 자신을 비하하여 훈육한다. 이는 정말로 해서는 안 되는 말이다.

아이는 중고등학교 때 성적이 잘 나오지 않으면 인생이 망한다고 생각한다. 그러나 좌절한 자녀에게 공부가 인생의 전부는 아니라고 위로하는 식의 이중적인 메시지는 아이를 혼란스럽게 만든다. 예전에 내 부모가 나를 훈육할 때 썼던 말을 앵무새처럼 그대로 읊조리고 있는 건 아닌지 돌이켜보고, 그게 무슨 의미인지 생각해야 한다. 부모의 말은 아이의 가치와 철학, 태도를 형성한다. 그만큼 부모의 말은 중요하다. 아무리 듣기 싫은 말도 자녀는 주워 담는 법이다. 아이가 행동을 변화시키기 위해 자기성찰을 하기 원한다면, 다른 사람을 비하하기보다 잘 설명해주어야 한다.

민철이는 유튜브와 게임으로 시간을 많이 허비한다. 부모는 중학생이 된 민철이와 이런 일로 계속 싸우니 관계가 나빠질까 두려웠다. 그러다 보니 아이를 내버려두게 되고, 아이는 끝도 없이 게임만 한다. 중학생 아이는 훈육하기가 정말 어렵다. 부모와 아이의 관계가 좋지 않다면 대화가 불가능하다. 중학생 아이에게 "그렇게 공부하지 않으면 거지꼴을 못 면할 거야!"라고 말하면 행동이 변화되기는커녕 방문을 잠글 것이다. "그렇게 공부를 안 하면 남들 대학 갈 때 넌 뭐 할 거야?"라고 말하면 집을 나갈지도 모른다.

아이에게 불안을 조성하거나 남을 비하해서 겁을 주는 것으로는 행동의 변화를 기대하기 어렵다. 아이는 부모의 믿음이 필요하다. 부모가 자신을 믿고 기대한다는 것을 알면 부모의 한마디에도 변화하기 위해 자신의 욕구를 통제한다. 어릴 적부터 쌓은 부모-아이 관계의 질이 효과를 발휘하는 것이다. 청소년기 이전부터 부모가 아이에게 선택지를 주고 그에 대한 책임을 지게 하며 믿어주고 버텨주면, 아이는 사춘기 시기에도 부모의 기대에 맞추려고 노력한다. 사춘기라고 해서 누구나 똑같은 반항이나 적대감을 경험하는 것은 아니다.

아이는 통제할 수 있고, 통제는 동기가 있어야 가능하며, 동기는 부모-아이 관계가 어떤지에 따라 형성된다. 따라서 자녀와 어떤 관계를 만들고 유지하느냐가 중요하다.

민철이 엄마는 전문가의 도움을 받고 민철이를 이해하기로 했다. 그리고 자신의 걱정과 두려움을 민철이에게 알리기로 했다. 엄마의 불안을 어떻게 받아들일지는 민철이의 몫이라 생각하고 엄마는 민철이에게 솔직한 마음을 털어놓았다.

> 엄마: 엄마는 네가 공부 하지 않고 게임만 하려고 해서 걱정
> 돼. 그래서 엄마가 자꾸 잔소리하게 되는데, 너에게 아
> 무 도움이 되지 않는 것 같아. 어떻게 해야 할지 난감
> 해. 엄마가 너를 어떻게 도와줘야 할까?

아들: 그냥 놔둬.

엄마: 놔두면 엄마가 바라는 대로 될까?

아들: 뭘 바라는데?

엄마: 뭘 바라는 것 같아?

아들: 공부 잘하는 거?

엄마: 공부를 잘하면 좋겠지만, 그것보다 게임에 소중한 시간을 허비하는 것이 이해가 안 돼. 너를 망치고 있지 않나 걱정되거든.

아들: 그러니까 게임은 하지 말고 공부하라는 거잖아!

엄마: 그렇게 들렸어? 그것보다 네가 좋아하는 것과 엄마가 원하는 것을 조절해서 하면 좋겠어.

아들: 공부랑 게임?

엄마: 세상은 너 혼자 사는 게 아니잖아. 엄마는 너의 보호자야. 네가 하고 싶은 것만 고집하고 살면 엄마 생각을 전혀 안 하는 것처럼 느껴져서 서운해. 그러니까 너도 당당히 게임을 할 수 있도록 니가 해야 하는 일을 하면 좋지 않을까?

부모라는 특권으로 상처 주는 말 하기

부모는 힘이 필요하지만, 그 힘이 부모를 망치기도 한다. 부모가 되기 전에는 누군가를 제압하거나 통제하는 경험을 해보지 않았을 수도 있다. 그런데 부모가 되면 아이를 통제하려고 한다. 아이를 위한다는 핑계로, 부모라는 이름으로 말이다.

부모에게 예속된 아이는 부모의 말을 듣지 않으면 치명적이기 때문에 말을 듣는다. 부모는 그런 점을 이용하는 셈이다. 부모는 아이를 통제하고 싶어 한다. 즉, 부모가 원하는 대로 아이가 살길 바라고 그렇게 될 것을 기대한다. 때로는 아이에게 상처가 되는 줄도 모르고 비난하고 지시하기도 한다. 아이가 말을 잘 듣지 않으면 "내가 사준 거니까 그것도 먹지 마!", "자꾸 말 안 들으면 쫓아낼 거야!", "그렇게 속 썩이면 안 예뻐할 거야!"라고 협박하기도 한다.

부모는 이런 말에 아이가 겁을 먹으면 행동이 바뀔 것이라고 생각하지만, 아이가 상처받을 것은 미처 생각하지 못한다. 상처는 오래 남아 부모에게 분노를 느끼고 복수심을 품는 경우도 있다. 어릴 적 부모의 권위에 눌려 일방적으로 꾸중을 들었던 아이는 청소년기에 복수를 꿈꾼다.

사춘기에는 신체적, 심리적으로 변화를 겪는데, 자신의 문제를 얼마나 통제하는지에 따라 그 정도가 다르다. 어린 시절에 매를 많이 맞았거나 부모에게 압도되어 겁을 먹고 부모의 권위에 쉽게 굴복했다면, 청소년기에 자신의 일탈을 정당하다고 여기고 합리화한다. 엄마도 자신에게 그랬으니 자신도 그래도 된다는 논리인 것이다.

그래서 타이르거나 협조를 구하기보다 명령하거나 비난하거나 협박하는 부모 밑에서 자란 아이는 마음속에 울분이 남아 오래도록 간직하고 있다가 터트린다. 반항과 탈선으로 나타나기도 하지만, 심리적인 병을 앓거나 이것이 신체화되기도 한다. 이런 마음의 병은 우울증이나 무기력증으로 나타나 아무것도 못 하는 사람이 되기도 한다.

뉴스에 보면 빚더미에 오른 가장이 자살을 시도하기 전에 아이와 아내를 살해하는 경우가 있는데, 이는 가족주의의 폐단이다. 아이를 부모에게 예속된 존재라고 여겨서 그런 극단적인 행동을 저지르는 것이다. 그러나 아이는 태어나는 순간, 부모와는 개별적이고 독립적인 존재다. 그러므로 독립적으로 자라야 한다. 아이의 생각까지 부모가 원하는 대로 만들거나, 행동을 통제할 목적으로 겁을 주고 협박해서는 안 된다. 그러면 아이는 자신의 행동을 돌아보는 대신, 덩치가 커지고 힘이 세질수록 복수를 꿈꿀지도 모른다.

사춘기에 무기력해지고 특히 중 3이나 고 3에 학업을 중단하겠다고 하는 아이들을 보면 이런 경우가 많다. 왜 하필 그때일까? 아이를 자신과 동일시하는 부모는 아이를 맘대로 휘둘러 자율성을 빼앗기 때문에 아이는 자신의 삶의 책임자가 부모라고 생각한다. 그래서 엄마가 가장 조심하고 숨을 죽이며 아이를 대하는 중요한 기간에 아이는 복수한다. 따라서 부모는 부모의 특권을 잘 활용해야 한다. 아이에게 상처를 주는 대신, 아이를 설득하고 협력하게끔 하여 지혜로운 어른의 모습을 보여주어야 한다.

아이 중심 훈육법에서
놓치면 안 되는 2가지

지금 당장 해야 하는 훈육

I. 규칙과 약속을 지키지 않을 때 훈육한다.

이때, 약속한 경우와 하지 않은 경우에 대처법이 다르다.

떼를 쓰는 경우

약속한 경우 → 훈육단호하게: 기 싸움

약속하지 않은 경우 → 훈육공감, 설명하기: 버텨주기

아이가 약속을 하고도 지키지 않아 계속 훈육할 경우에는 가족회의를 통해 규칙을 재정비하기

II. 타인에게 피해를 주는 경우는 반드시 훈육한다.

친구 때리기, 소리 지르기, 공공장소에서 뛰어다니기, 사람들 앞에서 징징거리기 등은 훈육이 필요한 상황이다.

III. 위험한 일은 단호하게 훈육한다.

부모의 지시를 따르지 않고 차도에 뛰어들거나 엄마의 손을 뿌리치고 달려가는 경우

IV. 밖에서 유치원이나 학교, 친지와의 만남 문제가 되는 행동

식사 예절, 휴지를 휴지통에 버리지 않기, 물건을 함부로 사용하기, 지시에 따르지 않기, 유치원이나 학교에서 했을 때 문제가 되는 행동은 훈육해야 한다.

스마트하게 훈육하기

- 훈육을 잠시 멈추고 기다려야 하는 타이밍이 있다: 자신의 감정에 **빠져서** 엄마의 말을 듣지 않으려고 할 때는 누구의 말도 들리지 않는다. 아이가 막무가내로 울면 기다려야 한다.
- 훈육은 간단하고 명료하게 한다: 부모의 설명이 너무 길면 중요한 것이 무엇인지 파악하지 못한다. 아이가 잘못한 부

분에 대해서만 명료하게 이야기한다. 그래야 자신이 무엇을 잘못했는지 알 수 있다.

- 설명보다는 질문으로 아이가 스스로 생각하도록 유도한다: 설명을 잘하는 것은 중요하지만 일방적인 설명은 옳지 않다. 아이가 상황을 어떻게 이해하고 있는지 파악하려면 적절한 질문을 해야 하며, 상황을 어떻게 해결하고 싶어 하는지도 물어보아야 한다. 그래야 아이의 수준에 맞게 훈육할 수 있다.

- 훈육은 시작한 부모가 마무리도 한다: 한 부모가 훈육하면 다른 부모는 갑자기 훈육을 멈추고 싶은 욕구가 생긴다. 배우자가 훈육을 시작하면 비로소 문제를 객관적으로 볼 수 있기 때문에 너무 과하게 혼낸다고 생각하게 된다. 그렇다고 해서 갑자기 배우자를 말리거나 중재하면 안 된다. 그러면 훈육을 시작한 부모의 권위가 떨어지고 아이와 관계가 나빠진다. 따라서 옳지 않은 훈육을 한다고 생각한다면 훈육 이후에 조용히 배우자와 이야기를 나누어 상황을 객관적으로 보고 다음 훈육에 반영해야 한다.

  또한 훈육에서 가장 중요한 것은 부모-아이 관계가 나빠져서는 안 된다는 점이다. 훈육을 마무리할 때는 아이를 꼭 안아주면서 밉거나 화가 나서 훈육한 것이 아니라는 사실을 알려줘야 한다. 훈육한 후에 아이가 오래 토라져 있거나 훈육한 부모에게 다가가지 않는다면 훈육은 실패한 것이다. 이는 부모의 잘못만은 아니며, 아이가 자신의 잘못을 인식하지 못하거나 사람과의 관계에 대한 중요성을 잘 모르는 상태일지도 모른다. 따라서 부모가 훈육한 후에 아이가 마음을 풀지 않으면 무엇이 문제인지 살펴보고 부모가 노력해야 한다.

Q&A

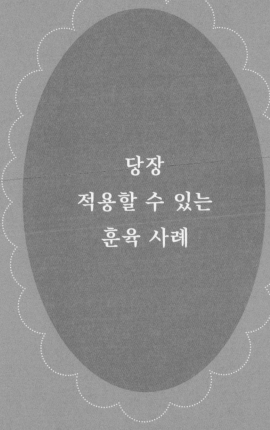

당장
적용할 수 있는
훈육 사례

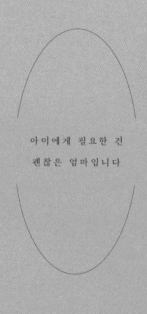

아 이 에 게 필 요 한 건

괜 찮 은 엄 마 입 니 다

약속을 지키지 않고
공공장소에서 엄마에게 떼쓰는 아이

1단계(객관적으로 아이 파악하기)

약속을 지키지 않고 자기 맘대로 하려는 의도이므로, 훈육해
야 한다.

기 싸움/ 부모가 해결

> 관찰 point 1. 아이의 컨디션^{피곤, 잠} 확인
>
>   point 2. 규칙^{예: 안아주지 않기, 장난감이나 과자 사지 않기}을 기억
>   하고 있는지 확인

2단계(좌절 포인트 찾기)

약속을 어기고 뜻대로 하려는 행동을 좌절시킨다^{요구를 들어주지}
^{않고 버티기}

3단계(필드에 내보내기)

외출 전에 아이가 엄마의 기대와는 달리 장난감을 사달라고 떼쓸 것을 미리 염두에 두어야 한다. 그래야 마트에 출발하기 전에 약속할 수 있다. 이때 부모는 아이가 약속을 어길지도 모른다고 예측할 수 있어야 한다. 그래야 훈육 상황에서 잘 버틸 수 있다. 한편 아이는 엄마의 버티기로 세상이 자신의 뜻대로만 되지 않는다는 것을 배울 수 있다.

4단계(객관적으로 모니터링하기)

훈육이 끝나면 아이와 다시 대화를 나누어야 한다. 일어난 상황을 모니터링하고 아이가 상황을 어떻게 해석하고 이해하고 있는지 이야기한다. 이 과정이 행동을 바꾸는 데 영향을 미친다.

5단계(구체적인 지침 또는 선택지 제공)

이 단계에서는 단호하고 명료한 태도가 중요하다. "엄마가 화난 이유는 약속을 지키지 않아서야. 엄마하고 약속하면 그건 꼭 지켜야 해." 또한 다음에는 아이가 약속과 규칙을 지킬 거라고 기대해준다. "엄마는 네가 다음에는 약속을 잘 지킬 거라고 믿어!"

등원을
거부하는 아이

1단계(객관적으로 아이 파악하기)

아이를 사회에 적응시키는 것도 부모의 역할이다. 아이가 친구
들과 잘 어울리지 못해서 학교를 거부한다면 결석하는 것은
적응에 도움이 되지 않는다. 아이들은 친구와 노는 것을 상상
하며 즐거운 마음으로 등원한다. 따라서 학교에 가기 싫다고
우는 아이를 보며 마음이 아프더라도 갈 수 있도록 한다.

정서 문제/부모가 해결

관찰 point 1. 등원 거부가 학교의 문제인지, 관계의 문제친구, 선
         생님인지 점검
      point 2. 기질 고려, 갑작스러운 환경 변화이사, 동생의 출생 등
      가 있었는지 점검
      point 3. 정서 문제 점검: 애착 문제 / 분리 불안

2단계(좌절 포인트 찾기)

학교_{유치원}는 가야 한다고 알려주고, 등원시키도록 노력한다.

3단계(필드에 내보내기)

아이가 학교_{유치원}에 갈 수 있도록 격려한다.

1. 하원 후 사회적 보상_{엄마와의 데이트, 놀이터에서 놀기 등}을 제안한다.

2. 보내기 전에 교사의 협조를 구한다.

3. 가정에서는 아이를 격려하고 집에 있고 싶은 마음을 공감
   해준다.

4단계(객관적으로 모니터링하기)

집으로 돌아오면 학교_{유치원}에 가기 싫은 마음을 뒤로하고 수업을 다 마친 것을 칭찬한다. 혼자 노는 아이라면 친구에 대해 관심을 가지게끔 질문한다_{누구랑 놀았는지, 그 친구는 긴머리인지, 친구는 뭘 좋아하는지}. 이런 질문이 친구를 관찰하는 동기가 된다.

5단계(구체적인 지침 또는 선택지 제공)

학교_{유치원}는 반드시 가야 하는 곳이고 학교_{유치원}에서 돌아오면 부모와 좋은 시간을 보낼 것이라고 이야기했는데 아침마다 분쟁이 계속된다면, 아이는 자신의 뜻대로 될 수 있다고 기대할

가능성이 높다. 그러므로 부모는 흔들리지 말고 학교^{유치원} 가기 전날 밤 규칙을 확인시켜준다.

"아침마다 요즘 어떻지?" "내일 아침에도 학교(유치원)에 가지 않겠다고 하거나 늦장부리고 짜증내면 어떻게 할까?" "만약 내일 아침에 약속을 지키지 않으면 주말에 외출하지 않을 거야 _{게임 금지야}!"

형제간에 싸움/
매사에 부모가 불공평하다고 투정하는 아이

1단계(객관적으로 아이 파악하기)

형이 동생과 공평하게 대해달라고 요구하지만, 엄마 입장에서는 공평함을 요구하는 큰아이가 이해가 되지 않는다.

> 관찰 point 1. 기질적으로 자기중심성이 강하고, 감정보다 사고를 통한 문제 해결을 원하는 성향은 아닌지 점검
> point 2. 부모의 양육 태도가 일방적이고 균형 잡히지 않았는지 점검/자녀에 대한 편애는 없는지 점검
> point 3. 부모의 문제 해결력 점검
> point 4. 부당하다고 이야기하는 아이와의 관계 점검
> point 5. 가정 내의 규칙이 명확한지 점검

2단계(좌절 포인트 찾기)

질문을 통해 아이의 주장을 논리적으로 반박한다. "자꾸 불공평하다고 이야기하는데, 니가 엄마라면 어떻게 하고 싶니?" "네가 생각하는 공평은 어떤 거야?"

3단계(필드에 내보내기)

규칙을 명확히 한 후 자연적 결과^{형제간에 마찰}에서 아이들끼리 어떻게 조율하는지 관찰한다. 부모는 아이들의 말만 듣고 판단해야 하기 때문에 명쾌한 결론을 내기 어렵다. 따라서 아이들끼리 해결하게 하는 것이 옳다.

4단계(객관적으로 모니터링하기)

상황을 조율하는 모습이 조금이라도 보이면 뿌듯한 마음을 표현한다. "너희들이 이렇게 타협하다니. 엄마는 너무 놀라워!"

5단계(구체적인 지침 또는 선택지 제공)

계속 규칙을 어기고 싸움이 계속되면 가족회의를 통해 규칙을 다시 알려준다. 어려움이 있다면 이야기를 나누고 규칙을 수정하거나 바꾼다.

때리고 물고
공격적인 아이

1단계(객관적으로 아이 파악하기)

때리고 무는 행동은 공격성의 표현이다. 자기중심적이고 충동적인 아이의 경우 친구를 때리거나 물 수 있다.

> 관찰 point 1. 때리거나 무는 행동이 일어나기 전에 반복되는 상황 파
> 악하기
> point 2. 훈육이 단호하지 않았는지 점검
> point 3. 언어 발달 점검

2단계(좌절 포인트 찾기)

감정은 읽어주고 "속상한 건 알겠는데", 행동은 제한 "때리고 무는 것은 안 되는 거야" 한다.

3단계(필드에 내보내기)

외출하기 전에 화가 난다고 해서 친구를 때리고 무는 행동은 안 된다고 이야기해준다. 그렇게 하면 어떻게 할지도 미리 짚어둔다.

4단계(객관적으로 모니터링하기)

문제 행동이 나타났다면 무엇이 문제인지 아동에게 질문하여 반복적으로 잘못된 행동을 알려준다.

5단계(구체적인 지침 또는 선택지 제공)

만약 같은 행동이 반복되었다면 훈육을 하고 구체적인 대안을 세운다. 반면 행동을 조절하고 친구와 잘 지내려고 노력했다면 구체적으로 칭찬해주고 격려한다.

말은 하지 않고
우는 아이

1단계(객관적으로 아이 파악하기)

말을 하지 않고 감정적으로 문제를 해결하는 아이는 감정적
으로 자신이 어떤 상태인지 파악하지 못할 수 있다. 자신의
감정 상태가 어떤지 알아야 조절할 수 있으므로, 아이가 자
신의 감정을 인식할 수 있도록 부모는 공감적으로 이해해야
한다.

관찰 point 1. 언어 발달, 특히 표현 언어가 잘 발달하고 있는지 점검
　　　 point 2. 부모의 공감력이 미흡한 것은 아닌지 점검

2단계(좌절 포인트 찾기)

1. 울면서 위로받으려고 하면 말로 해야 엄마가 알 수 있다고 설명한다.

2. 계속 울면서 감정을 정리하지 못하면 "엄마가 얘기하지 않고 울면 어떻다고 이야기했지?"라고 질문하여 아이가 엄마의 말을 인지했는지 확인한다.

3. 울음을 그치지 않으면 다 울고 난 후 감정을 정리할 때까지 기다려준다.

3단계(필드에 내보내기)

설명하고 기다려줘도 우는 행동은 단번에 고치기 힘들다. 감정을 표현하는 법을 배워야 하므로 오래 걸리기 때문이다. 부모는 이때 버텨야 한다. 울면서 이야기하면 울지 않고 이야기할 수 있을 때 부모에게 오라며 시간을 준다.

4단계(객관적으로 모니터링하기)

훈육한 후에는 울지 않고 이야기했던 상황 혹은 그렇지 않은 상황을 모니터링해준다.

5단계(구체적인 지침 또는 선택지 제공)

부모가 말한 것을 인식하고 있는지 확인하고 다음에는 잘할 수 있다고 격려해준다. 아이에 따라 시간이 걸릴 수 있으므로 우는 아이에게 감정을 정리할 시간을 무조건 주기보다는 선택지를 제안하는 것도 좋다.

"연우가 속상해서 울 때 혼자 시간을 보내면 울음을 그칠까? 아니면 엄마가 안아주면 울음을 그칠까? 엄마가 어떻게 해주면 좋을까?"

아이가 선택한 방법으로 부모가 돌봐주면 아이는 감정을 조절할 수 있다. 부모가 훈육하는 이유는 아이 스스로 자신의 감정, 생각, 행동을 인식하고 조절하게 하려는 것임을 잊어선 안 된다.

에필로그

아이와 협상할 줄 아는
부모가 좋은 부모다

'충분히 좋은 엄마'라는 개념은 심리학 이론인 대상 관계에서 언급된다. '충분히'라는 말은 넘치지도, 부족하지 않게 '적당히'라는 의미다. '그럭저럭 좋은'이라고 표현하기도 한다. 엄마는 아이에게 안전 기지 역할을 하는 좋은 엄마와 좌절을 주는 나쁜 엄마의 두 가지 모습이어야 한다고 위니컷은 말했다. 하지만 중요한 점은 좋은 엄마가 나쁜 엄마를 희석시킬 만큼 강력해야 한다는 것이다. 좋은 엄마를 경험한 아이는 세상이 좋을 것이라고 여기고, 나쁜 엄마를 경험한 아이는 세상의 부정적인 면을 인식한다. 즉, 좋은 엄마는 좋은 세상이 되고, 나쁜 엄마는 나쁜 세상이 되는 것이다. 아이가 태어나서 처음 만난 엄마는 세상을 안내해주는 첫

대상이다. 그래서 아이에게 나쁜 세상을 알려주기 전에 좋은 세상, 살아볼 만한 세상을 알려줘야 하는 것도 엄마다. 엄마를 통해 경험한 좋은 세상은 세상에 대한 호기심으로 확장된다.

반대로 나쁜 엄마의 역할은 무엇일까? 나쁜 세상을 왜 아이에게 알려줘야 할까? 세상은 좋은 것과 나쁜 것이 공존하기 때문이다. 아이 입장에서 나쁜 세상은 좌절을 의미한다. 자신의 욕구가 거부되고 받아들여지지 않는 세상을 나쁜 세상이라고 생각한다면, 어차피 경험할 좌절을 부모와 먼저 안전하게 경험하면 좋을 것이다. 그래서 부모가 규칙을 만들고, 아이가 규칙을 지키지 않으려고 떼를 쓰면 단호하게 행동해야 한다. 세상과 잘 살아가기 위한 전략과 태도를 알려주는 과정이기 때문이다. 이렇게 아이는 세상을 배운다.

규칙과 단호함이 없고 좌절에 대비하는 부모의 지혜가 발휘되지 않는다면 육아는 점점 힘들어진다. 따라서 좋은 엄마를 경험하는 것만큼 나쁜 엄마를 경험하는 것은 아이에게 중요하다. 좌절을 경험하지 못하면 자신감이 한없이 커져서 거대자기를 형성한다. 쉽게 말해 자기중심성이 자라게 된다. 그래서 적절한 시기가 되면 조금씩 좌절감을 느껴야 한다. 거대자기를 경험한 아이는 뭐든 할 수 있다는 자신감이 극대화되며, 다른 사람은 보이지 않고 자기만이 이 세상의 중심이라는 생각에서 벗어나지 못한다. 이런 아이는 적절한 좌절을 겪지 않으면 세상을 원하는 대로 만들 수 있다는 확신으로 살아갈 것이다. 그러다 보니 주양육자인 엄마와 부딪히게 된다.

물론 아이의 기질에 따라 부모가 견뎌야 하는 과정은 다르다. 거대자기 상태에 있어도 공감 능력이 있는 아이라면 세상과 조율해야 할 필요성을 느낀다. 아이는 좌절하여 한동안 분노하고 슬퍼하면서 감정적으로 예민해 욕구와 외부에서 요구하는 것을 조율하는 고통의 시간을 겪게 된다. 그러나 엄마가 좌절을 주고 위로하면 거대자기와 현실 사이에서 절충한다.

반대로 기질적으로 공감 능력이 부족한데 거대자기 상태에 머물어 있는 아이는 거대자기의 특권을 내려놓기가 힘들다. 그렇다고 해서 강압적으로 다루기보다는, 협조를 구하고 잘 가르쳐서 스스로 세상과 타협하도록 도와야 한다. 그야말로 부모의 인내력이 필요하다. 충분히 좋은 부모는 자녀를 존중해주고 공감해주고 적절한 시기에 반응해주며 자녀와 갈등이 발생하면 협상할 줄 안다. 그래야 사회에서 느끼는 좌절을 잘 견디고 자기가 갖고 태어난 역량을 잘 발휘할 수 있다.

아이에게 필요한 건
괜찮은 엄마입니다

초판 1쇄 인쇄 2022년 4월 20일
초판 1쇄 발행 2022년 5월 2일

지은이 한근희
펴낸이 하인숙

기획총괄 김현종
책임편집 한홍
디자인 표지 강수진 본문 더블디앤스튜디오

펴낸곳 ㈜더블북코리아
출판등록 2009년 4월 13일 제2009-000020호
주소 서울시 양천구 목동서로 77 현대월드타워 1713호
전화 02-2061-0765 팩스 02-2061-0766
블로그 https://blog.naver.com/doublebook
인스타그램 @doublebook_pub
포스트 post.naver.com/doublebook
페이스북 www.facebook.com/doublebook1
이메일 doublebook@naver.com

ⓒ 한근희, 2022
ISBN ISBN 979-11-91194-59-3 (03590)

아 이 에 게 필 요 한 건

괜 찮 은 엄 마 입 니 다

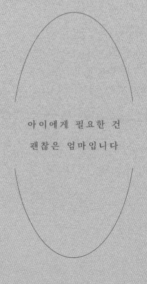

아이에게 필요한 건

괜찮은 엄마입니다